Python 数据科学实战

PYTHON FOR DATA SCIENCE

A HANDS-ON INTRODUCTION

[俄] 尤利·瓦西列夫（Yuli Vasiliev）◎ 著　林炳清 ◎ 译

人 民 邮 电 出 版 社
北 京

图书在版编目（CIP）数据

Python数据科学实战 / (俄罗斯) 尤利·瓦西列夫 (Yuli Vasiliev) 著 ; 林炳清译. -- 北京 : 人民邮电出版社, 2024.1
ISBN 978-7-115-62067-5

Ⅰ. ①P… Ⅱ. ①尤… ②林… Ⅲ. ①软件工具—程序设计 Ⅳ. ①TP311.561

中国国家版本馆CIP数据核字(2023)第116664号

版权声明

◆ 著　　[俄] 尤利·瓦西列夫（Yuli Vasiliev）
译　　林炳清
责任编辑　谢晓芳
责任印制　王　郁　焦志炜
◆ 人民邮电出版社出版发行　　北京市丰台区成寿寺路 11 号
邮编　100164　　电子邮件　315@ptpress.com.cn
网址　https://www.ptpress.com.cn
北京市艺辉印刷有限公司印刷
◆ 开本：800×1000　1/16
印张：12.25　　2024 年 1 月第 1 版
字数：240 千字　　2024 年 1 月北京第 1 次印刷
著作权合同登记号　图字：01-2022-2814 号

定价：69.80 元

读者服务热线：(010)81055410　印装质量热线：(010)81055316
反盗版热线：(010)81055315
广告经营许可证：京东市监广登字 20170147 号

内容提要

本书主要从实战角度讲述了如何处理、分析和可视化数据，如何用数据建立各种统计学或机器学习模型。本书首先介绍如何使用 Python 代码获取、转换和分析数据；接着讲述如何使用 Python 中的数据结构和第三方库；然后展示如何以各种格式加载数据，如何对数据进行分组与汇总，如何创建图表和可视化数据；最后讨论如何解决实际的问题。

本书适合希望使用 Python 处理和分析数据的开发人员阅读，也可供计算机相关专业的师生参考。

技术审校者简介

丹尼尔·津加罗（Daniel Zingaro）博士是多伦多大学计算机科学系副教授。他最近几年在 No Starch 出版社出版了两本书。其中一本是 *Algorithmic Thinking*，这是一本关于算法和数据结构的入门指南；另一本是 *Learn to Code by Solving Problems*，这是一本关于 Python 和计算思维的入门图书。

前言

我们生活在一个信息技术（Information Technology，IT）无处不在的世界中，计算机系统收集、处理大量数据，并从中提取有用信息。这种数据驱动的现实不仅影响现代企业的运营方式，还影响我们的日常生活。如果没有大量使用以数据为中心的设备和系统，许多人将很难与社会保持联系。

在商业领域，公司经常使用 IT 系统从大量数据中提取可操作的信息来做出决策。数据可能有不同的来源，以不同的格式保存，可能需要经过转换才能进行分析。例如，许多从事在线业务的公司使用数据分析来实现客户的获取和保留，收集、测量可以模拟和了解用户行为的一切信息。他们经常结合并分析许多不同来源的定量和定性用户数据，如用户档案、社交媒体和公司网站。在许多情况下，他们使用 Python 语言完成这些任务。

本书将介绍如何在面向数据的应用程序中使用 Python，如何生成产品推荐，如何预测股市趋势等。通过真实示例，你将获得使用 Python 第三方库的实践经验。

在数据科学中使用 Python

Python 语言是访问、操作任何类型数据并挖掘信息的理想选择。Python 既有一组丰富的内置数据结构，又有一个强大的开源库生态系统。本书将探讨许多这样的库，包括 NumPy、pandas、scikit-learn、Matplotlib 等。

你可以使用 Python 轻松编写简洁的代码，用几行代码表达大多数概念。事实上，Python 灵活的语法允许你用一行代码实现多个数据操作。例如，你可以用一行代码过滤、转换和聚合数据。

作为一种通用语言，Python 适用于各种任务。在使用 Python 时，你可以将数据科学与其他任务无缝集成，以创建功能全面的应用程序。例如，你可以构建一个 bot 应用程序，根据用户的自然语言请求进行股市预测。要创建这样的应用程序，你需要一个 bot API、一个机器学习预测模型和一个与用户交互的自然语言处理（Natural Language Processing，NLP）工具。所有这些都可以借助 Python 第三方库实现。

本书读者对象

本书面向希望更好地理解 Python 数据处理和分析功能的开发人员。也许你为一家希望使用数据改进业务流程、做出合理决策并面向更多客户的公司工作。或者，你可能想开发自己的数据驱动应用程序，或者简单地将 Python 知识扩展到数据科学领域。

本书假设你有一些使用 Python 的基本经验，并且能够按照相关说明轻松地安装数据库或获取 API 密钥等。本书涵盖 Python 数据科学方面的概念，并通过示例对其进行解释。你将在实践中学习，不需要有数据分析方面的经验。

本书内容

本书首先介绍数据处理和分析的概念，解释典型的数据处理流程；然后介绍 Python 的内置数据结构和一些广泛用于数据科学应用程序的 Python 第三方库。接下来，本书探索越来越复杂的技术，用于获取、合并、聚合、分析和可视化不同大小、不同类型的数据集。我们将进一步把 Python 数据科学技术应用到商业管理、营销和金融领域的实际示例中。

以下是每章内容的概述。

第 1 章讲述数据的类别、数据来源和数据处理流程等。

第 2 章介绍 Python 内置的 4 种数据结构——列表、元组、字典和集合。

第 3 章讨论用于数据分析和操作的 Python 第三方库。你将学习 pandas 库及其主要数据结构、序列和数据框，它们已成为面向数据的 Python 应用程序的标准。你还将了解两个常用数据科学库——NumPy 和 scikit-learn。

第 4 章深入剖析如何获取数据并将其加载到脚本中。你将学习如何把不同来源的数据（如文件和 API）加载到 Python 脚本的数据结构中，以进行进一步处理。

第 5 章继续讨论如何将数据导入 Python，包括如何使用数据库中的数据。你将看到访问和操作存储在不同类型数据库中的数据的示例，这些数据库包括关系数据库（如 MySQL）和非关系数据库（如 MongoDB）。

第 6 章介绍如何对数据分组并解决数据汇总的问题。你将学习使用 pandas 对数据进行分组，并生成小计、总计和其他聚合数据。

第 7 章介绍如何将不同来源的数据合并到单个数据集中。你将学习 SQL 开发人员用于连接数据库表的技术，并将其应用于多种数据结构。

第 8 章讨论可视化，这是揭示数据隐藏模式的自然方式之一。你将了解不同类型的可视化形式，如折线图、柱状图和直方图，并学习如何使用 Matplotlib 库创建它们，Matplotlib 库是用于绘图的主要 Python 库。

第 9 章解释如何使用 geopy 库和 Shapely 库处理位置数据。你将学习如何获取和使用静止与移动物体的 GPS 坐标，并将了解共享服务如何为给定的上车位置找到最佳出租车。

第 10 章介绍一些用于从时间序列数据中提取统计信息的分析技术。该章的示例说明了如何将时间序列数据分析应用于股市数据。

第 11 章探讨从数据中挖掘信息的策略，以便做出明智的决策。例如，你将学习如何发现超市销售的产品之间的关联，以便确定客户在单笔交易中经常一起购买的商品（这对推荐和促销有用）。

第 12 章介绍如何用 scikit-learn 库处理高级数据分析任务。你将训练机器学习模型，根据产品评价的评分对其进行分类，并预测股票价格的趋势。

服务与支持

本书由异步社区出品，社区（https://www.epubit.com/）为您提供后续服务。

提交勘误信息

作者和编辑尽最大努力来确保书中内容的准确性，但难免会存在疏漏。欢迎您将发现的问题反馈给我们，帮助我们提升图书的质量。

当您发现错误时，请登录异步社区，按书名搜索，进入本书页面，单击“发表勘误”，输入相关信息，单击“提交勘误”按钮即可，如下图所示。本书的作者和编辑会对您提交的相关信息进行审核，确认并接受后，您将获赠异步社区的100积分。积分可用于在异步社区兑换优惠券、样书或奖品。

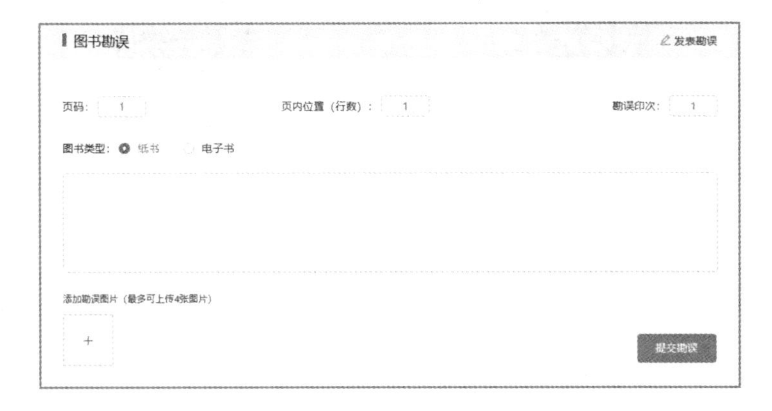

与我们联系

我们的联系邮箱是 contact@epubit.com.cn。

如果您对本书有任何疑问或建议，请您发邮件给我们，并请在邮件标题中注明本书书名，以便我们更高效地做出反馈。

如果您有兴趣出版图书、录制教学视频，或者参与图书翻译、技术审校等工作，可以发邮件给我们；有意出版图书的作者也可以到异步社区投稿（直接访问 www.epubit.com/contribute 即可）。

如果您所在的学校、培训机构或企业想批量购买本书或异步社区出版的其他图书，也可以发邮件给我们。

如果您在网上发现有针对异步社区出品图书的各种形式的盗版行为，包括对图书全部或部分内容的非授权传播，请您将怀疑有侵权行为的链接通过邮件发送给我们。您的这一举动是对作者权益的保护，也是我们持续为您提供有价值的内容的动力之源。

关于异步社区和异步图书

“异步社区”是人民邮电出版社旗下 IT 专业图书社区，致力于出版精品 IT 图书和相关学习产品，为作译者提供优质出版服务。异步社区创办于 2015 年 8 月，提供大量精品 IT 图书和电子书，以及高品质技术文章和视频课程。更多详情请访问异步社区官网 https://www.epubit.com。

“异步图书”是由异步社区编辑团队策划出版的精品 IT 专业图书的品牌，依托于人民邮电出版社的计算机图书出版积累和专业编辑团队，相关图书在封面上印有异步图书的 LOGO。异步图书的出版领域包括软件开发、大数据、人工智能、测试、前端、网络技术等。

异步社区

微信服务号

目　录

第 1 章

数据的基础知识

数据对不同人有不同的含义:股票交易员可能会认为数据是实时股票报价,而美国航空航天局的工程师可能会认为数据是来自火星探测器的信号。但是,对于数据处理和分析,同样或者相似的方法可以用来处理各种各样的数据(无论数据来自哪里)。重要的是数据是如何组织的。

本章将概述数据处理和数据分析。我们首先学习一些主要数据类别,然后讨论 些常见的数据来源。之后,我们将考虑典型数据处理流程(获取、准备和分析数据)。最后,我们将讨论 Python 的独特优势。

1.1 数据类别

程序员把数据分成 3 个主要类别——非结构化数据、结构化数据和半结构化数据。在数据处理流程中,初始数据通常是非结构化的;基于初始数据,可以得到结构化数据或者半结构化数据,以做进一步处理。但是,一些数据处理流程从一开始便使用结构化数据。例如,处理地理位置信息的应用程序可能直接从 GPS 传感器接收结构化数据。接下来几节将探讨主要数据类别和时间序列数据。时间序列数据是一种特别的结构化或者半结构数据。

1.1.1 非结构化数据

非结构化数据是指没有预先定义的结构或者模式的数据。这是广泛存在的数据形式,常见的示例包括图片、视频、音频和自然语言文本。考虑某制药公司的如下财务报表。

```
GoodComp shares soared as much as 8.2% on 2021-01-07 after the company announced positive
early-stage trial results for its vaccine.
```

该文本应被视为非结构化数据,因为其中的信息没有组织成预先定义的模式,而随机地散乱在文本中，用户可以把该文本改写成其他形式，但是仍然可以传递同样的信息。例如：

```
Following the January 7, 2021, release of positive results from its vaccine trial, which is
still in its early stages, shares in GoodComp rose by 8.2%.
```

虽然缺乏结构，但是非结构化数据可能包含重要的信息。通过适当的变换和分析，用户可以从中提取出结构化或者半结构化数据。例如，图像识别工具首先将图像的像素集合转化为预先定义格式的数据，然后分析数据并实现图像识别。同样地，1.1.2 节将展示从财务报表提取出结构化数据的几种方式。

1.1.2 结构化数据

结构化数据有预定义的格式，用于明确数据的组织形式。此类数据通常存储在数据库中，如关系数据库、.csv 文件。数据库中的每一行数据称为记录，记录的信息由字段构成，字段顺序必须与预期结构相匹配。在一个数据库中，相同结构的记录保存在一起，形成一个表。一个数据库可能包含多个表，每个表都有一组字段。

结构化数据有两种基本类型——数值数据和分类数据。分类数据是指可以根据相似特征进行分类的数据。例如，汽车可以按品牌和型号进行分类。另外，数值数据以数字形式表达信息，允许对其进行数学运算。

注意，分类数据（如邮政编码或者电话号码）有时候也使用数字表示。虽然它们看上去像数字，但是对其进行数学运算（例如，计算邮政编码的中间值或者电话号码的平均值）是没有意义的。

我们如何把 1.1.1 节的文本示例转化成结构化数据呢？我们可能对文本中的某些具体信息（如公司名称、日期和股票价格）感兴趣。我们希望使用以下格式在字段中显示这些信息，以便插入数据库。

```
Company:    ABC
Date:       yyyy-mm-dd
Stock:      nnnnn
```

我们可以使用 NLP 技术从文本中为这些字段提取出相应的信息技术，NLP 是一个训练机器理解人类语言的学科。例如，我们通过识别分类数据的变量寻找公司名称，该变量只能是许多预设值（如 Google、Apple 或 GoodComp）中的一个。同样，我们可以通过将日期的排序与一组给定的排序格式进行匹配（如 yyyy-mm-dd）识别日期。在这里的示例中，识别、提取并把如下数据表示为上述格式。

```
Company:    GoodComp
Date:       2021-01-07
Stock:      +8.2%
```

为了把这条记录存储在数据库中，最好将其字段放在一行。因此，我们可以将记录重新组织为矩形形式的数据对象或二维矩阵。

```
Company  | Date       | Stock
----------------------------
GoodComp |2021-01-07 | +8.2%
```


一般来说，从非结构化数据中提取什么信息取决于你的需求。该示例文本不仅包含GoodComp 某一天的股价变动情况，还指出了股价变动的原因，即“the company announced positive early-stage trial results for its vaccine”。从这个角度来看，使用如下字段创建一条记录。

```
Company: GoodComp
Date:    2021-01-07
Product: vaccine
Stage:   early-stage trial
```

请将其与第 1 条记录进行比较。在第 1 条记录中，我们提取了如下信息。

```
Company: GoodComp
Date:    2021-01-07
Stock:   +8.2%
```

注意，这两条记录包含不同的字段，有不同的结构。因此，它们必须存储在两个不同的表中。

1.1.3　半结构化数据

当信息本身的格式无法满足严格的格式化要求时，我们可能需要使用半结构化数据结构。这样的结构可以让我们在同一个容器（数据库表或者文件）中保存不同结构的记录。与非结构化数据一样，半结构化数据没有完全遵从预定义的模式。然而，与非结构化数据不同，半结构化数据的样本通常以自我描述的标记或者其他标志的形式表现出一定程度的结构。

常见的半结构化数据的格式包括 XML 和 JSON。财务报表可以用如下 JSON 格式表示。

```
{
  "Company": "GoodComp",
  "Date": "2021-01-07",
  "Stock": 8.2,
  "Details": "the company announced positive early-stage trial results for its vaccine."
}
```

在这里，可以看到我们之前从财务报表提取出的关键信息。每一条信息都有一个描述性标记，如"Company"或"Date"。由于有这些标记，因此信息的结构与 1.1.2 节中数据的结构相似。但是，现在有第 4 个标记——"Details"，它表示的是原始财务报表的一个片段，这是非结构化的。这个示例展示了半结构化数据格式如何在单条记录中同时包含结构化数据和非结构化数据。

另外，你还可以把多条结构不同的记录放在同一个容器中。这里，在同一个 JSON 文档中存储来自财务报表的两条不同记录。

```
[
  {
    "Company": "GoodComp",
    "Date":    "2021-01-07",
    "Stock":   8.2
  },
  {
    "Company": "GoodComp",
    "Date":    "2021-01-07",
    "Product": "vaccine",
    "Stage":   "early-stage trial"
  }
]
```

作为一个结构严格的数据存储库，关系数据库无法在同一表格中容纳不同结构的记录。

1.1.4 时间序列数据

时间序列数据是按时间顺序列出的一组数据点。因为金融数据通常由多个时间点的观测数据组成，所以很多金融数据存储为时间序列数据。时间序列数据可以是结构化的，也可以是半结构化的。想象一下，你每隔 1min 从出租车的 GPS 跟踪设备接收位置数据，数据可能表示为如下形式。

```
[
  {
    "cab": "cab_238",
    "coord": (43.602508,39.715685),
    "tm": "14:47",
    "state": "available"
  },
  {
    "cab": "cab_238",
    "coord": (43.613744,39.705718),
    "tm": "14:48",
    "state": "available"
  }
  ...
]
```

每分钟都有一条新的数据记录，包括编号为 cab_238 的出租车最新的位置坐标(纬度/经度)。

每条记录都有相同的字段，在每条记录中，每个字段都具有一致的结构，允许你将该时间序列数据作为常规结构化数据存储在关系数据库表中。

现在考虑更加实际的情况，假设在 1min 内可能接收到多组坐标。新的数据结构可以表示为如下形式。

```
[
  {
    "cab": "cab_238",
    "coord": [(43.602508,39.715685),(43.602402,39.709672)],
    "tm": "14:47",
    "state": "available"
  },
  {
    "cab": "cab_238",
    "coord": (43.613744,39.705718),
    "tm": "14:48",
    "state": "available"
  }
]
```

在该示例中，第 1 个 coord 字段包含两组坐标，因此与第 2 个 coord 字段不一致。该数据是半结构化的。

1.2　数据来源

既然现在你已经知道了数据的主要类别，那么你可能会从哪些地方获取数据呢？一般来说，数据有各种不同的来源，包括文本、视频、图像、传感器等。但是，从你将要写的 Python 脚本的角度来看，常见的数据源有如下 4 种：

- 应用程序接口（Application Program Interface，API）；
- 网页；
- 数据库；
- 文件。

当然，上面列的数据来源并不全面，Python 脚本能够处理的数据不只限于这几种。在实际中，还有许多其他数据来源。

从技术上来说，这里列出的所有选项要求用户使用相应的 Python 库。例如，从 API 获取数据之前，需要为 API 安装 Python 包装器，或者使用 Python 库 Requests 直接向 API 发出 HTTP 请求。同样，为了访问某数据库的数据，需要在 Python 代码中安装一个连接器，使用户能够访问该数据库。

虽然许多库是必须下载和安装的，但一些用于加载数据的库是 Python 默认分配的。例如，要从 JSON 文件加载数据，可以使用 Python 内置的 json 包。

在第 4 章和第 5 章中，我们将学习如何使用 Python 从不同来源加载特定类型的数据，以便进一步处理。下面将简要介绍前面提到的常见数据源。

1.2.1 API

现在获取数据最常见的方式可能是使用 API（Application Program Interface，应用程序接口）。要在 Python 中使用 API，可能需要以 Python 库的形式为该 API 安装包装器。现在常用的安装方式是通过 pip 命令。

虽然并不是所有 API 都有自己的 Python 包装器，但是这并不一定意味着你不能从 Python 访问它们。如果一个 API 服务于 HTTP 请求，那么你可以在 Python 中使用 Python 库 Requests 与该 API 进行交互。这将让你可以使用 Python 代码从成千上万的 API 中请求数据并做进一步处理。

当你为特定任务选择一个 API 时，你需要考虑以下几个因素。

- 功能。许多 API 能提供类似的功能，因此你需要了解自己的确切需求。例如，许多 API 允许你从 Python 脚本进行 Web 搜索，但只有一些 API 允许你按发布日期缩小搜索范围。
- 成本。许多 API 允许你使用所谓的开发人员密钥，该密钥通常是免费提供的，但有一定的限制，如限制每天的调用次数。
- 稳定性。由于有 Python 包索引（Python Package Index，PyPI）存储库，因此任何人都可以将 API 打包为一个 pip 包，并公开发布。因此，对于你能想象到的几乎任何任务，都有一个（或几个）API，但并非所有这些都是完全可靠的。幸运的是，PyPI 存储库可以跟踪包的性能和使用情况。
- 说明文档。流行的 API 通常有一个相应的文档网站，允许你查看所有的 API 命令，并有示例用法。Nasdaq Data Link（又名 Quandl）API 是一个很好的示例，请查看 Nasdaq Data Link 的文档页面，在那里可以找到多种时间序列调用的示例。

许多 API 返回的结果保存为 JSON、XML 或 CSV 这 3 种格式之一。这些格式中的任何一种都可以轻松地将数据转换为 Python 内置或常用的数据结构。例如，Yahoo Finance API 检索并分析股票数据，然后返回结果，且结果是 pandas 数据框。pandas 数据框是一种广泛使用的结构，这将在第 3 章中讨论。

1.2.2 网页

网页可以是静态的，为了响应用户的交互，网页也可以是动态生成的，在这种情况下，它们可能包含来自多个不同来源的信息。无论哪种情况，程序都可以读取网页并提取部分内容。这称为网络抓取，只要网页是公开的，这就是合法的。

Python 中一个典型的抓取流程涉及两个库——Requests 库和 BeautifulSoup 库。使用 Requests 库获取网页的源代码，使用 BeautifulSoup 库为页面创建解析树，即页面内容的分层表示。你可以搜索解析树，并使用 Python 从中提取数据。例如，以下是解析树的片段。

```
[<td title="03/01/2020 00:00:00"><a href="Download.aspx?ID=630751" id="lnkDownload630751"
 target="_blank">03/01/2020</a></td>,
<td title="03/01/2020 00:00:00"><a href="Download.aspx?ID=630753" id="lnkDownload630753"
 target="_blank">03/01/2020</a></td>,
<td title="03/01/2020 00:00:00"><a href="Download.aspx?ID=630755" id="lnkDownload630755"
 target="_blank">03/01/2020</a></td>]
```

使用 Python 的 for 循环可以轻松地把解析树变换为如下列表。

```
[
  {'Document_Reference': '630751', 'Document_Date': '03/01/2020',
   'link': '**** *** **** dummy ****/Download.aspx?ID=630751'}
  {'Document_Reference': '630753', 'Document_Date': '03/01/2020',
   'link': '**** *** **** dummy **** /Download.aspx?ID=630753'}
  {'Document_Reference': '630755', 'Document_Date': '03/01/2020',
   'link': '**** *** **** dummy **** /Download.aspx?ID=630755'}
]
```

这是一个将半结构化数据变换为结构化数据的示例。

1.2.3 数据框

除网页之外，另一种常见的数据源是关系数据库，这种结构提供了一种高效地存储、访问和操作结构化数据的机制。你可以使用结构化查询语言（Structured Query Language，SQL）从数据库的表中获取数据或将数据的一部分发送到表中。例如，向数据库中的 employees 表发出的以下请求只检索在 IT 部门工作的程序员的列表，因此无须获取整个表。

```
SELECT first_name, last_name FROM employees WHERE department = 'IT' and title = 'programmer'
```

Python 有一个内置的数据库引擎——SQLite。或者，你可以使用任何其他可用的数据库。在访问数据库之前，你需要在环境中安装数据库客户端软件。

除传统的严格结构化数据库之外，近年来，人们越来越需要在类似于数据库的容器中存储异构数据和非结构化数据。这使得所谓的 NoSQL（non-SQL 或者 not only SQL）数据库越来越流行。NoSQL 数据库使用灵活的数据模型，允许你使用键值（key-value）方法存储大量非结构化数据，其中每一段数据都可以使用关联的键访问。之前的示例中的财务报表可以用如下格式存储在 NoSQL 数据库中。

```
key   value
---   -----
...
26    GoodComp shares soared as much as 8.2% on 2021-01-07 after the company announced ...
```

整个财务报表的文本与键 26 配对。将整个语句存储在数据库中似乎有些奇怪。然而，回想一下，我们可以从一个文本中提取几条不同的记录。存储整个语句使我们能够灵活地在以后提取不同的信息。

1.2.4 文件

文件可能包含结构化数据、半结构化数据和非结构化数据。Python 的内置函数 open()允许你打开文件，以便在脚本中使用其数据。但是，根据数据的格式（如 CSV、JSON 或 XML），你可能需要导入相应的库才能对其执行读、写或者追加等操作。

纯文本文件在 Python 中被视为字符序列，不需要其他库即可进一步处理。下面的示例是思科路由器可能会发送到日志文件的信息。

```
dat= 'Jul 19 10:30:37'
host='sm1-prt-highw157'
syslogtag='%SYS-1-CPURISINGTHRESHOLD:'
msg=' Threshold: Total CPU Utilization(Total/Intr): 17%/1%,
          Top 3 processes(Pid/Util): 85/9%, 146/4%, 80/1%'
```

你可以逐行阅读上面的日志文件，以寻找所需的信息。因此，如果你的任务是查找包含 CPU 利用率的信息，并从中提取特定的数字，那么你的脚本应该将代码段中的最后一行识别为要选择的信息。

1.3 数据处理流程

在本节中，我们将从概念上了解数据处理（也称为数据处理流程）涉及的步骤。通常的数据处理流程包含如下步骤。

（1）数据获取。

（2）数据清洗。

（3）数据变换。

（4）数据分析。

（5）数据存储。

这些步骤并不总是完全泾渭分明的。在某些应用中，你可以将多个步骤合并为一个步骤；而在某些应用中，你也可以省略某些步骤。

1.3.1 数据获取

在处理数据之前，需要先获取数据。这就是为什么数据获取是任何数据处理流程的第一步。在常见的数据源类型中，一些数据源只允许你根据请求加载所需的部分数据。

例如，对 Yahoo Finance API 的请求要求你指定公司的股票代码以及检索该公司股票价格的时间段。类似地，允许你检索新闻文章的 News API 可以使用多个参数以缩小所请求文章的列表，包括来源和发布日期。尽管有这些参数，但是检索到的列表可能仍需要进一步过滤。也就是说，数据可能需要清洗。

1.3.2 数据清洗

数据清洗是检测和纠正错误的或不准确的数据或删除不必要数据的过程。在某些情况下，这一步是不需要的，所获得的数据可以立即用于分析。例如，yfinance 库（Yahoo Finance API 的 Python 包装器）将股票数据作为易于使用的 pandas 库的数据框对象返回。这通常允许你跳过数据清洗和数据变换步骤，直接进行数据分析。

但是，如果使用网页抓取获取数据，通常 HTML 标签可能会包含在数据中，那么一定要进行数据清洗，如下所示。

```
6.\tThe development shall comply with the requirements of DCCa\x80\x99s Drainage Division as
follows\r\n\r\n
```

清理后，此文本片段如下所示。

```
6. The development shall comply with the requirements of DCC's Drainage Division as follows
```

除 HTML 标签外，抓取的文本可能还包括其他不需要的文本。在以下示例中，短语 A View full text 是超链接文本。你可能需要打开此链接才能访问其中的文本。

```
Permission for proposed amendments to planning permission received on the 30th A View full text
```

你还可以使用数据清洗步骤过滤特定的实体。例如，从 News API 请求一组文章后，你可能只需要选择指定时间段内标题包含金钱或百分比短语的文章。此过滤器可被视为数据清洗器，因为其目标是删除不必要的数据，并为数据变换和数据分析做好准备。

1.3.3 数据变换

数据变换通过改变数据的格式或结构，为数据分析做好准备。例如，要从 GoodComp 的非结构化文本数据中提取信息，你可以将其拆分为单个单词或标记，以便命名实体识别（Named Entity Recognition, NER）工具可以查找所需的信息。在信息提取中，一个命名实体通常代表现实世界中的一个对象，如一个人、一个组织或一个产品，这个对象可以用专有名词标识。另外，还有代表日期、百分比、财务条款等的命名实体。

许多 NLP 工具可以自动处理这些变换。经过变换后，分解的 GoodComp 数据如下所示。

```
['GoodComp', 'shares', 'soared', 'as', 'much', 'as', '8.2%', 'on',
 '2021-01-07', 'after', 'the', 'company', 'announced', 'positive',
 'early-stage', 'trial', 'results', 'for', 'its', 'vaccine']
```

其他形式的数据变换可能更深入，例如，文本数据被转换成数字数据。例如，如果我们收集了一组新闻文章，我们可以通过执行情绪分析变换它们。情绪分析是一种文本处理技术，可以生成一个数字，这个数字代表文本表达的情绪。

情感分析可以使用诸如 SentimentAnalyzer（在包 nltk.sentiment 中）之类的工具来实现，其输出可能如下所示。

```
Sentiment URL
--------- ------------------------------------------------------------
0.9313                          /uk/shopping/amazon-face-mask-store-july-28/
0.9387                          /save-those-crustacean-shells-to
               -make-a-sauce-base-1844520024
```

现在，数据集中的每个条目都包含一个数字，如 0.9313，代表相应文章表达的情绪。通过数字形式表达每篇文章的情绪，我们可以计算整个数据集的平均情绪，从而确定对某个感兴趣的对象（如某个公司或产品）的总体情绪。

1.3.4 数据分析

数据分析是数据处理流程中的关键步骤。在这里，你可以解释原始数据，从而得出某些原本不明显的结论。

继续情绪分析示例，你可能希望研究特定时段内人们对公司的情绪与公司股价之间的关系。或者，你可以将股市指数（如标准普尔 500 指数）与同期大量新闻表达的情绪进行比较。下面的数据片段展示了标准普尔 500 指数与当天新闻的总体情绪。

```
Date          News_sentiment    S&P_500
--------------------------------------
2021-04-16    0.281074          4185.47
2021-04-19    0.284052          4163.26
2021-04-20    0.262421          4134.94
```

由于情绪数据和股票数据均用数字表示，因此你可以在同一个图上绘制两条对应的曲线以进行可视化分析，如图 1-1 所示。

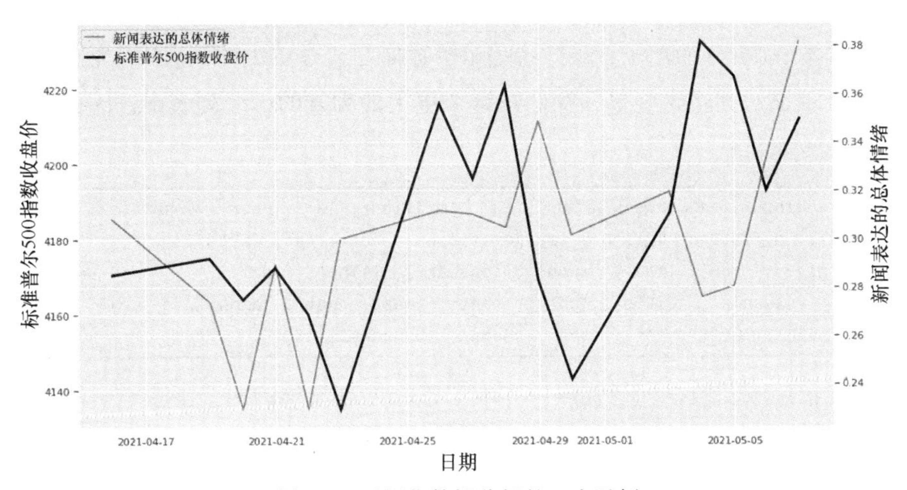

图 1-1 可视化数据分析的一个示例

可视化分析是解释数据最常用、最有效的方法之一。第 8 章将更详细地讨论可视化分析。

1.3.5 数据存储

在大多数情况下，你需要存储数据分析过程中生成的结果，以便以后使用。存储形式通常包括文件和数据库。如果数据可能会频繁使用，数据库可能是更好的选择。

1.4 Python 特有的方式

若在数据科学中使用 Python，代码应该以 Python 特有的方式编写，这意味着代码应该简洁、高效。以 Python 特有的方式编写的代码通常使用列表推导式（list comprehension）来实现。列表推导式可以使用一行代码实现数据处理功能。

第 2 章将更详细地介绍列表推导式。下面的简单示例说明了以 Python 特有的方式编写的代码在实践中是如何实现的。假设要处理下面包含多个句子的文本。

```
txt = ''' Eight dollars a week or a million a year - what is the difference? A mathematician or
```

```
a wit would give you the wrong answer. The magi brought valuable gifts, but that was not among
them. - The Gift of the Magi, O'Henry'''
```

具体来说，需要将文本按句子分割，去除标点符号，然后为每个句子创建单个单词的列表。使用 Python 的列表推导式功能，所有这些都可以在一行代码中实现，即用一行代码解决实际问题。

```
word_lists = [[w.replace(',','') ❶ for w in line.split() if w not in ['-']]
          ❷ for line in txt.replace('?','.').split('.')]
```

循环❷将文本 txt 拆分为句子，并将这些句子存储在一个更大的列表中。然后循环❶将每个句子拆分为单个单词，并将这些单词存储在这个更大的列表的一个列表中。因此，你会得到如下列表。

```
[['Eight', 'dollars', 'a', 'week', 'or', 'a', 'million', 'a', 'year', 'what',
  'is', 'the', 'difference'], ['A', 'mathematician', 'or', 'a', 'wit',
  'would', 'give', 'you', 'the', 'wrong', 'answer'], ['The', 'magi',
  'brought', 'valuable', 'gifts', 'but', 'that', 'was', 'not', 'among',
  'them'], ['The', 'Gift', 'of', 'the', 'Magi', "O'Henry"]]
```

在这里，你已经成功地在一行代码中完成了数据处理流程的两个步骤——清洗和变换。通过从文本中删除标点符号清洗数据，通过拆分单词形成每个句子的单词列表来变换数据。

如果你学习过另一种编程语言，请尝试使用该语言实现此任务。你的实现过程需要多少行代码呢？

1.5　总结

阅读本章后，你应该大致了解数据的主要类别、数据来源，以及典型的数据处理流程的主要步骤。

数据可以分为三大类——非结构化数据、结构化数据和半结构化数据。数据处理流程中的原始输入通常是非结构化数据，通过清洗和变换将其变换为结构化或半结构化数据，以便进一步分析。你还了解了在有些数据处理流程中从一开始就使用从 API 或关系数据库获取的结构化数据或半结构化数据。

第 2 章

Python 数据结构

数据结构用于组织和存储数据，使数据更容易访问。Python 有 4 种常用数据结构——列表、元组、字典和集合。这些结构很容易使用，且可以用于处理复杂的数据操作，使 Python 成为较流行的数据分析语言之一。

本章将介绍 Python 的 4 种内置数据结构，重点讨论一些可以让你轻松构建以数据为中心的应用的特性。你将学习如何将基本数据结构组合成更复杂的结构，如字典列表，以更准确地表示现实世界中的对象。你还将把这些知识应用到自然语言处理和图像处理领域。

2.1 列表

Python 列表（list）是对象的有序集合。列表的元素用逗号分隔，整个列表用方括号括起来，如下所示。

```
[2,4,7]
['Bob', 'John', 'Will']
```

列表是可变的，也就是说，你可以添加、删除和修改列表的元素。与本章后面将讨论的集合不同，列表可以有重复的元素。

列表包含的元素通常表示一系列相关或者类似的东西，这些东西可以合理地放在一起。典型的列表只包含属于单个类别的元素（即同质数据，如人名、文章标题或参与者编号）。在为特定任务选择合适工具时，理解这一点是至关重要的。如果要用一个结构来表示具有不同属性的对象，可以考虑使用元组或字典。

注意 虽然列表元素通常是同质的，但是 Python 确实允许同一个列表包含不同数据类型的元素。例如，下面的列表同时包含字符串和整数。

```
['Ford', 'Mustang', 1964]
```

2.1.1 创建列表

要创建一个列表，只需要将一系列元素放在方括号内，并将其赋给变量。

```
regions = ['Asia', 'America', 'Europe']
```

在实践中，列表经常从零开始动态填充，使用循环每一次迭代计算一个元素。在这种情况下，第一步是创建一个空列表，如下所示。

```
regions = []
```

创建列表后，可以根据需要添加、删除元素，或者对列表元素进行排序。你可以使用 Python 的列表对象方法完成这些任务，以及其他任务。

2.1.2 使用常见列表对象方法

列表对象方法是实现列表特定功能的函数。本节将介绍一些常见的列表对象方法，包括 append()、index()、insert()和 count()。我们先通过如下代码创建一个空白列表，并会用该列表表示一个待办事项列表。

```
my_list = []
```

常见的列表对象方法可能是 append()。append()可用于在列表的末尾添加一个元素。你可以用 append()将一些家务添加到待办事项列表中，如下所示。

```
my_list.append('Pay bills')
my_list.append('Tidy up')
my_list.append('Walk the dog')
my_list.append('Cook dinner')
```

该列表按添加顺序包含 4 个元素。

```
['Pay bills', 'Tidy up', 'Walk the dog', 'Cook dinner']
```

列表的每个元素都有一个称为索引的数字。这使列表能够按指定顺序保存元素。Python 使用从零开始的索引体系，也就是说，列表中第 1 个元素的索引为 0。

要访问列表的某个元素，可以在列表名称后使用方括号指定所需元素的索引。例如，以下代码显示家务待办事项列表的第 1 项。

```
print(my_list[0])
```

函数 print()的输出如下。

```
Pay bills
```

不仅可以使用列表索引访问所需的元素，还可以在列表的某个位置插入新元素。假设你想在遛狗（'Walk the dog'）和做饭（'Cook dinner'）之间增加一项新的家务，首先使用方法 index()确定要插入新待办事项的索引。这里，将其存储在变量 i 中。


```
i = my_list.index('Cook dinner')
```

这将成为新待办事项的索引，现在你可以使用 insert()方法添加新待办事项，如下所示。

```
my_list.insert(i, 'Go to the pharmacy')
```

把新家务添加到列表的指定位置，同时把所有后续家务向后移动。更新后的列表如下所示。

```
['Pay bills', 'Tidy up', 'Walk the dog', 'Go to the pharmacy', 'Cook dinner']
```

由于列表允许重复项目，因此有时候需要统计某个元素在列表中出现的次数。这可以通过 count()方法实现，如下所示。

```
print(my_list.count('Tidy up'))
```

print()函数的输出显示 my_list 中只有一个'Tidy up'元素，但是这个元素最好在待办事项列表中多次出现。

注意 列表对象的所有方法可以在 Python 官方文档中找到。

2.1.3 使用切片符号

通过使用切片符号（slice notation），从顺序数据结构（如列表）中访问一系列元素。要获取列表的一部分，需要给定起始位置的索引并将结束位置的索引加 1，用冒号分隔两个索引，同时将它们括在方括号中。例如，可以按如下方式输出待办事项列表的前 3 个元素。

```
print(my_list[0:3])
```

结果是索引为整数 0～2 的元素组成的列表。

```
['Pay bills', 'Tidy up', 'Walk the dog']
```

在切片中，开始索引和结束索引都是可省略的。如果省略起始索引，则切片将从列表的第

1 个元素开始。这意味着前面的示例中的切片可以安全地更改为如下形式。

```
print(my_list[:3])
```

如果省略结束索引，则切片的结尾是列表的结尾。以下代码显示索引大于或等于 3 的元素。

```
print(my_list[3:])
```

结果是待办事项列表中的后两项。

```
['Go to the pharmacy', 'Cook dinner']
```

最后，你可以同时省略开始索引和结束索引。在这种情况下，你将获得整个列表的副本。

```
print(my_list[:])
```

结果如下。

```
['Pay bills', 'Tidy up', 'Walk the dog', 'Go to the pharmacy', 'Cook dinner']
```

切片符号不仅可用于从列表中提取子列表，还可以代替 append()和 insert()方法来添加列表元素。例如，在这里，你可以在列表的末尾添加两项家务。

```
my_list[len(my_list):] = ['Mow the lawn', 'Water plants']
```

len()函数的作用是返回列表的元素个数，即列表外第 1 个未使用位置的索引。你可以放心地从该索引开始添加新元素。下面是列表现在的样子。

```
['Pay bills', 'Tidy up', 'Walk the dog', 'Go to the pharmacy', 'Cook dinner',
 'Mow the lawn', 'Water plants']
```

类似地，你可以使用 del 命令和切片符号删除元素，如下所示。

```
del my_list[5:]
```

这将删除索引大于或等于 5 的元素，从而将列表变为以前的形式。

```
['Pay bills', 'Tidy up', 'Walk the dog', 'Go to the pharmacy', 'Cook dinner']
```

2.1.4　用列表实现队列

队列（queue）是一种抽象数据类型，在 Python 中可以使用列表来实现。队列的一端用于插入元素，另一端用于移除元素。队列遵循先进先出（First-In, First-Out, FIFO）方法。在实践中，先进先出方法通常用于仓储：第 1 批到达仓库的产品是第 1 批离开仓库的产品。以这种方式组织商品销售，可以确保旧产品先销售，从而有助于防止产品过期。

使用 Python 的 deque（double-ended queue 的缩写）对象很容易将 Python 列表变为队列。在本节中，我们将使用待办事项列表来探讨这是如何实现的。要使列表作为一个队列运行，完成的任务应该从开始处退出，而新任务出现在列表的末尾，如图 2-1 所示。

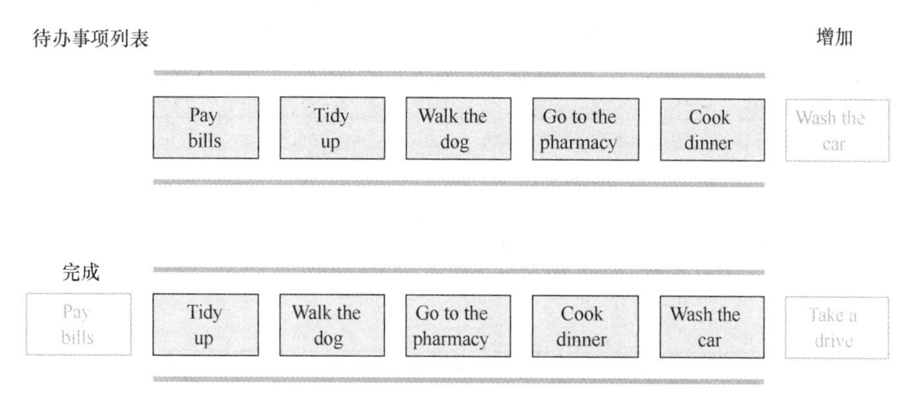

图 2-1 使用列表作为队列的示例

下面的代码实现了图 2-1 所示的流程。

```
from collections import deque
queue = deque(my_list)
queue.append('Wash the car')
print(queue.popleft(), ' - Done!')
my_list_upd = list(queue)
```

在上面的代码中，首先将 my_list 转换为 deque 对象，deque 对象包含在 Python 的 collections 模块中。构造函数 deque()将一组方法添加到传递给它的列表对象中，使该列表更容易用作队列。在本例中，使用 append()方法将新元素添加到队列的右侧，然后使用 popleft()方法从队列的左侧删除一个元素。popleft()方法不仅删除最左边的项，还返回它，从而将其输入最终输出的消息中。因此，你应该会看到以下消息。

```
Pay bills - Done!
```

最后一行代码把 deque 对象变回列表，更新的待办事项列表如下。

```
['Tidy up', 'Walk the dog', 'Go to the pharmacy', 'Cook dinner', 'Wash the car']
```

正如预期的，第 1 个元素已从列表中删除，而新元素也已添加到列表的末尾。

2.1.5 用列表实现栈

与队列一样，栈也是一种抽象的数据结构，可以在 Python 中使用列表来实现。栈采用后进先出（Last-In, First Out, LIFO）方法，即移除的第一个元素是添加的最后一个元素。为了让待办事项列表成为一个栈，你需要以相反的顺序完成任务，即从最右边的任务开始。下面的代码演示如何在 Python 中实现先进先出方法。

```
my_list = ['Pay bills', 'Tidy up', 'Walk the dog', 'Go to the pharmacy', 'Cook dinner']
stack = []
for task in my_list:
  stack.append(task)
while stack:
  print(stack.pop(), ' - Done!'))
print('\nThe stack is empty')
```

for 循环从第一个元素开始，将待办事项列表的元素复制到另一个列表中。这是一个在循环中使用 append()动态填充空列表的示例。然后，在 while 循环中，从最后一个元素开始，从栈中逐个删除元素。这里使用 pop()方法实现此操作，pop()可以从列表中删除最后一个元素并返回删除的元素。栈的输出如下。

```
Cook dinner - Done!
Go to the pharmacy - Done!
Walk the dog - Done!
Tidy up - Done!
Pay bills - Done!

The stack is empty
```

2.1.6 用列表和栈进行自然语言处理

列表和栈有许多实际应用，包括在 NLP 领域的应用。例如，使用列表和栈从文本中提取所有名词块。一个名词块由一个名词及其左边的依存词组成（也就是名词左侧在句法上依赖该名词的所有词，如形容词或限定词）。因此，要从文本中提取名词块，需要在文本中搜索所有名词和名词左边的依存词。这可以通过基于栈的算法实现，如图 2-2 所示。

图 2-2 以单个名词块“A ubiquitous data structure”为例。图 2-2 右侧句法树中的箭头说明了单词 A、ubiquitous 和 data 是如何作为名词 structure 的依存词的。在这里，名词 structure 称为这些依存词的中心词。该算法从左到右分析文本，每次分析一个单词。如果某单词是名词或名词的依存词，则将该单词压入栈。当算法遇到不是名词或名词的依存词的单词或者文本中没有

剩余的单词时，找到整个名词块，并从栈中提取该名词块。

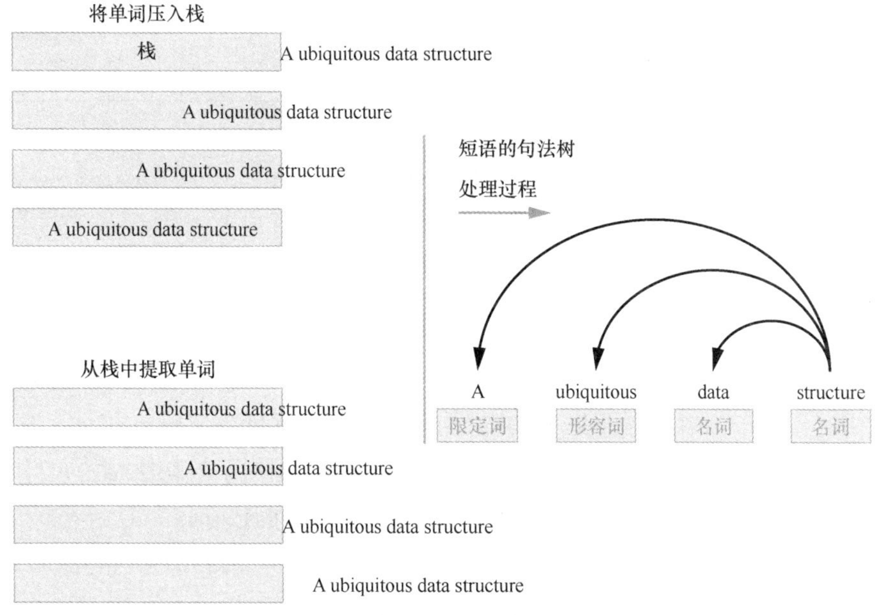

图 2-2 使用列表实现栈的示例

要实现该基于栈的名词块提取算法，需要安装 spaCy 库和它的一个英文模型。spaCy 是一个用于自然语言处理的主流开源 Python 库。使用以下命令安装 spaCy 库。

```
$ pip install -U spacy
$ python -m spacy download en_core_web_sm①
```

以下代码使用 spaCy 实现名词块提取。

```
import spacy
txt = 'List is a ubiquitous data structure in the Python programming language.'

nlp = spacy.load('en_core_web_sm')
doc = nlp(txt)
stk = []
for w in doc:
  if w.pos_ == 'NOUN' or w.pos_ == 'PROPN':❶
    stk.append(w.text)
  elif (w.head.pos_ == 'NOUN' or w.head.pos_ == 'PROPN') and (w in w.head.lefts): ❷
    stk.append(w.text)
```

① 使用 python -m spacy download en_core_web_sm 下载 en_core_web_sm 可能会报错。这时可以手动下载 spaCy 库相应版本的 en_core_web_sm，然后安装。例如，从 GitHub 网站下载 en_core_web_sm-3.2.0.tar.gz，然后使用$pip install 文件地址/en_core_web_sm-3.2.0.tar.gz 安装。——译者注

```
  elif stk: ❸
    chunk = ''
    while stk:
      chunk = stk.pop() + ' ' + chunk ❹
    print(chunk.strip())
```

前几行代码使用 spaCy 库分析文本的标准设置过程，包括导入 spaCy 库，定义要处理的句子，加载 spaCy 库的英文模型。然后将 nlp 应用于句子，使用 spaCy 库生成名词块提取等任务所需的文本的句法结构。

注意　有关 spaCy 库的更多信息，请参阅 spaCy 网站。

接下来，你可以实现前面描述的算法了。遍历文本中的每个单词，如果找到一个名词❶或它的一个依存词❷，使用 append( )将其添加到栈中。这里可以使用 spaCy 库的内置属性判断单词是否为名词或依存词，例如，w.head.lefts 可用于浏览句子的句法结构，并在其中找到 w 的中心词（w.head），然后通过 w.head.lefts 查找该中心词的依存词，最后判断 w 是否为 w 的中心词的依存词。例如，在评估“ubiquitous”时，使用 w.head 得到 structure（ubiquitous 的中心词），使用 structure 的.lefts 得到单词 a、ubiquitous 和 data，因此可以判断 ubiquitous 是 structure 的依存词。

一旦确定文本的下一个单词不是当前名词块的一部分（既不是名词，也不是名词的依存词）❸，你就得到一个完整的名词块，并从栈中提取单词❹。上面的代码找到并输出 3 个名词块。

```
List
a ubiquitous data structure
the Python programming language.
```

2.1.7　使用列表推导式改进算法

在第 1 章中，你已经通过一个示例了解了使用列表推导式是如何创建列表的。在本节中，我们将使用列表推导式改进名词块提取算法。改进代码功能通常需要对现有代码进行大幅的改动。在提取名词块的示例中，因为使用了列表推导式，所以改动后的代码将非常紧凑。

在图 2-2 所示的句法依存树中，你可能会注意到，图中描述的词组的每个单词都与名词 structure 在句法上直接相关。然而，名词块也可以有其他模式，即一些单词与词组的名词没有直接的句法关系。图 2-3 表示了该模式的句法依存树。注意，副词 most 是形容词 useful 的依存词，而不是名词 type 的依存词，但它仍然是以 type 为中心词的名词块的一部分。

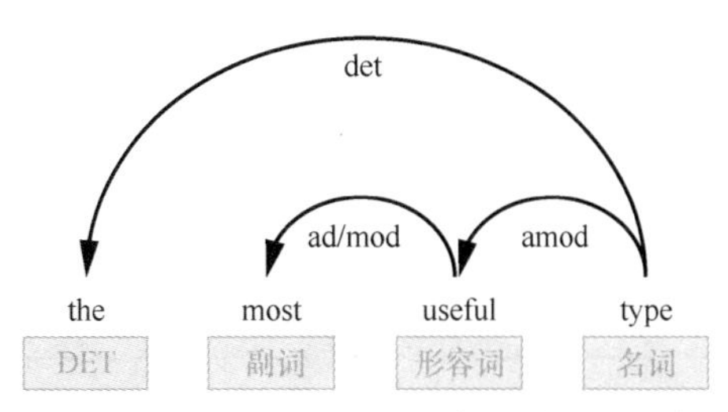

图 2-3　更复杂名词块的句法依存树

2

我们需要改进 2.1.6 节的代码，使它也可以提取图 2-3 所示的名词块，即一些单词没有直接连接到短语的中心词。为了改进算法，我们首先比较图 2-2 和图 2-3 描述的句法依存树，找出它们的共同点。重要的相似之处在于，在这两棵树中，名词块中每个依存词的中心词都可以在该依存词的右边找到。然而，构成名词块的中心词可能不遵循这种模式。例如，在句子“List is a ubiquitous data structure in the Python programming language”中，单词 structure 是名词块的中心词，但其自身的中心词是位于其左侧的动词 is。以下代码可以输出句子中每个单词的中心词，请认真观察输出结果。

```
txt = 'List is a ubiquitous data structure in the Python programming language.'
import spacy
nlp = spacy.load('en_core_web_sm') ①
doc = nlp(txt)
for t in doc:
  print(t.text, t.head.text)
```

新算法需要扫描文本，寻找中心词位于其右侧的单词，从而指示潜在的名词块。我们的想法是为一个句子创建一个列表，用来指示每个单词的中心词是否在它的右边。为了可读性，中心词在右边的单词像在句子中一样包含在列表中，而所有其他单词用 0 替换。因此，对于以下句子：

```
List is arguably the most useful type in the Python programming language.
```

你希望可以得到如下列表。

```
['List', 0, 0, 'the', 'most', 'useful', 0, 0, 'the', 'Python', 'programming', 0, 0]
```

下面代码使用列表推导式完成该任务。

```
txt = 'List is arguably the most useful type in the Python programming language.'
import spacy
nlp = spacy.load('en')
doc = nlp(txt)
```

① 原书中这行代码为 `nlp = spacy.load('en')`，因为包版本升级，原书代码运行时可能报错。——译者注

```
❶ head_lefts = [t.text if t in t.head.lefts else 0 for t in doc]
print(head_lefts)
```

这里，在列表推导式的循环中逐个判断句子中每个单词的中心词是否在其右边，用 0 替换那些中心词不在其右边的单词❶。

生成的列表如下所示。

```
['List', 0, 0, 'the', 'most', 'useful', 0, 0, 'the', 'Python', 'programming', 0, 0]
```

注意，列表包含的元素比句子的单词多一个。这是因为 spaCy 将文本分解为各种标记，这些标记可能是单词或者标点符号。列表最后的 0 代表句子末尾的句号。

现在，为了找到并提取名词块，你需要找到一种遍历该列表的方式。你需要创建一系列文本片段，其中每个片段从某个位置开始并持续到文本结束。在下面的代码中，将逐字从文本开头移动到文本结束，每次产生一个文本片段的列表。

```
for w in doc:
  head_lefts = [t.text if t in t.head.lefts else 0 for t in ❶ doc[w.i:]]
  print(head_lefts)
```

在 doc 中使用切片符号得到所需的片段❶。在 for 循环的每次迭代中，得到的片段都从最左侧位置向右移动一个单词。该代码生成以下列表。

```
['List', 0, 0, 'the', 'most', 'useful', 0, 0, 'the', 'Python', 'programming', 0, 0]
[0, 0, 'the', 'most', 'useful', 0, 0, 'the', 'Python', 'programming', 0, 0]
[0, 'the', 'most', 'useful', 0, 0, 'the', 'Python', 'programming', 0, 0]
['the', 'most', 'useful', 0, 0, 'the', 'Python', 'programming', 0, 0]
['most', 'useful', 0, 0, 'the', 'Python', 'programming', 0, 0]
['useful', 0, 0, 'the', 'Python', 'programming', 0, 0]
[0, 0, 'the', 'Python', 'programming', 0, 0]
[0, 'the', 'Python', 'programming', 0, 0]
['the', 'Python', 'programming', 0, 0]
['Python', 'programming', 0, 0]
['programming', 0, 0]
[0, 0]
[0]
```

接下来，分析每个片段，寻找每个片段的第一个 0。0 以及 0 左边的单词组成的片段可能是一个名词块。下面是实现该功能的代码。

```
for w in doc:
  head_lefts = [t.text if t in t.head.lefts else 0 for t in doc[w.i:]]
❶ i0 = head_lefts.index(0)
  if i0 > 0:
  ❷ noun = [1 if t.pos_== 'NOUN' or t.pos_== 'PROPN' else 0 for t in
```

```
                  reversed(doc[w.i:w.i+i0 +1])]
    try:
    ❸ i1 = noun.index(1)+1
    except ValueError:
      pass
    print(head_lefts[:i0 +1])
  ❹ print(doc[w.i+i0 +1-i1])
```


在代码中，i0 的值为 head_lefts.index(0)，i0 即片段中第 1 个 0 的索引❶。如果片段中有多个 0，head_lefts.index(0)将返回第一个 0 的索引。然后通过判断 i0 是否大于 0 去除第一个单词的中心词不在其左边的片段。

然后，使用另一个列表推导式处理要发送到栈的名词块的元素。在第 2 个列表推导式中，在每个片段中寻找可能组成名词块的名词或专有名词。接着，以相反的顺序在片段上循环，以便首先选取在名词块中最后位置的名词或专有名词❷。当找到名词或专有名词后，发送到列表的是 1；而找到其他元素后，发送到列表的是 0。因此，列表中的第一个 1 表示片段中中心词在名词块末尾的位置❸。我们将在计算代表名词块的切片位置时用到它❹。

现在可以输出生成带有名词的片段了，输出结果如下。

```
['List', 0]
List
['the', 'most', 'useful', 0]
type
['most', 'useful', 0]
type
['useful', 0]
type
['the', 'Python', 'programming', 0]
language
['Python', 'programming', 0]
language
['programming', 0]
Language
```

然后将新代码合并到 2.1.6 节介绍的算法中，得到以下代码。

```
  txt = 'List is arguably the most useful type in the Python programming language.'
  import spacy
  nlp = spacy.load('en')
  doc = nlp(txt)
  stk = []
❶ for w in doc:
  ❷ head_lefts = [1 if t in t.head.lefts else 0 for t in doc[w.i:]]
    i0 = 0
    try: i0 = head_lefts.index(0)
```

```
except ValueError: pass
i1 = 0
if i0 > 0:
  noun = [1 if t.pos_== 'NOUN' or t.pos_== 'PROPN' else 0 for t in reversed(doc[w.i:w.i+i0 +1])]
  try: i1 = noun.index(1)+1
  except ValueError: pass
if w.pos_ == 'NOUN' or w.pos_ == 'PROPN':
❸ stk.append(w.text)
elif (i1 > 0):
❹ stk.append(w.text)
elif stk:
  chunk = ''
  while stk:
❺ chunk = stk.pop() + ' ' + chunk
print(chunk.strip())
```

对于给定的句子，迭代考虑每一个单词❶，每次迭代生成 head_lefts 列表❷。这个列表把中心词在其左边的单词记为 0。该列表用于识别名词块。对于识别的每个名词块，将每个名词或专有名词以及属于该名词块但不是名词的任何其他单词❹发送到栈中❸。最后，从栈中提取单词，形成短语❺。

上面的代码将显示以下输出。

```
List
the most useful type
the Python programming language
```

如果你想了解关于自然语言处理的更多知识，请参阅笔者的另一本书 *Natural Language Processing with Python and spaCy*，这本书也由 No Starch 出版社出版。

2.2 元组

与列表一样，元组是对象的有序集合。然而，与列表不同的是，元组是不可变的，即一旦创建了元组，就不能对其进行更改。元组中的元素用逗号分隔，然后用圆括号括起来，如下所示。

```
('Ford', 'Mustang', 1964)
```

元组通常用于存储异构数据集合。异构数据包含不同类型的数据，如汽车的品牌、型号和年份。如本例所示，当我们要用一个结构来保存现实世界中对象的属性时，元组特别有用。

2.2.1 元组列表

在实际中，我们可以将 Python 数据结构相互嵌套使用。例如，假设有一个列表，其每个元素都是元组，这样列表的每个元素可以有多个属性。假设我们想为本章前面的待办事项列表中的每个任务添加一个开始时间。现在，列表的每一项都有其自身的数据结构，由两个元素（任务的描述及其计划的开始时间）组成。

为了实现这样一种结构，元组是一种理想的选择。这是因为元组可以方便存储异构数据。元组列表可能如下所示。

```
[('8:00','Pay bills'), ('8:30','Tidy up'), ('9:30','Walk the dog'),
 ('10:00','Go to the pharmacy'), ('10:30','Cook dinner')]
```

你可以使用以下两个简单列表构建该元组列表。

```
task_list = ['Pay bills', 'Tidy up', 'Walk the dog', 'Go to the pharmacy', 'Cook dinner']
tm_list = ['8:00', '8:30', '9:30', '10:00', '10:30']
```

第 1 个列表是原始列表 my_list，第 2 个列表包含相应的开始时间。将它们组合成元组列表的简单方法是使用列表推导式，如下所示。

```
sched_list = [(tm, task) for tm, task in zip(tm_list, task_list)]
```

在列表推导式中，使用 Python 的 zip()函数同时迭代两个简单的列表，然后将相应的时间和任务组合成元组。

与列表一样，要访问元组的元素，在元组名称后面的方括号中指定该元素的索引。但是，请注意，嵌套在列表中的元组没有名称。要访问嵌套元组的元素，首先需要指定列表的名称，然后指定列表中元组的索引，最后指定元组中元素的索引。例如，要查看待办事项列表中第 2 项任务的时间，使用以下代码。

```
print(sched_list[1][0])
```

输出结果如下。

```
8:30
```

2.2.2 不变性

注意，元组是不可变的。也就是说，你不能修改它们。例如，如果你试图更改某项家务的开始时间。

```
sched_list[1][0] = '9:00'
```

你将得到以下错误提示。

```
TypeError: 'tuple' object does not support item assignment
```

因为元组是不可变的，所以元组不适合保存需要定期更新的数据。

2.3 字典

字典（dictionary）是 Python 中另一种广泛使用的内置数据结构。字典是键值对的可变无序集合，其中键的名称是不可重复的，每个键对应一个值。字典用花括号把键值对括起来。键与值之间用冒号分隔，键值对之间用逗号分隔，如下所示。

```
{'Make': 'Ford', 'Model': 'Mustang', 'Year': 1964}
```

字典像元组一样，对于存储现实世界中对象的异构数据非常有用。如本例所示，字典的另一个好处是为每个数据项指定一个标签。

2.3.1 字典列表

与其他数据结构一样，字典可以嵌套在其他数据结构中。待办事项列表可以使用字典列表表示。

```
dict_list = [
  {'time': '8:00', 'name': 'Pay bills'},
  {'time': '8:30', 'name': 'Tidy up'},
  {'time': '9:30', 'name': 'Walk the dog'},
  {'time': '10:00', 'name': 'Go to the pharmacy'},
  {'time': '10:30', 'name': 'Cook dinner'}
]
```

与元组不同，字典是可变的，这意味着你可以轻松更改键值对的值。

```
dict_list[1]['time'] = '9:00'
```

本例还演示了如何访问字典中的值。与列表和元组不同，字典使用键名而不是数字索引访问键名对应的值。

2.3.2 使用 setdefault()在字典中添加元素

setdefault()方法提供了在字典中添加新元素的便捷方法。它以一个键值对作为参数。如果指定的键已经存在，该方法只返回该键的当前值；如果指定的键不存在，setdefault()将插入具有指定值的键。下面是一个示例。首先，创建一个名为 car 的字典，键 model 对应的值为 Jetta。

```
car = {
  "brand": "Volkswagen",
  "style": "Sedan",
```

```
  "model": "Jetta"
}
```

现在，尝试使用 setdefault()添加一个新的键 model，其值为 Passat。

```
print(car.setdefault("model", "Passat"))
```

从下面的输出可以看到，model 键的值保持不变。

```
Jetta
```

但是，如果插入一个新的键，setdefault()将插入键值对并返回值。

```
print(car.setdefault("year", 2022))
```

输出结果如下。

```
2022
```

下面的代码输出整个字典。

```
print(car)
```

输出结果如下。

```
{
  "brand": "Volkswagen",
  "style": "Sedan",
  "model": "Jetta",
  "year": 2022
}
```

可以看到，setdefault()无须手动检查要插入的键值对中的键是否已在字典中，用户可以安全地尝试将键值对插入字典中，而不会担心覆盖已存在键的值。

我们已经学习了 setdefault()的基本原理，现在看一个实际示例。NLP 的一项常见任务是计算文本中每个单词出现的次数。该示例演示如何在字典的帮助下使用 setdefault()方法完成该任务。下面是将要处理的文本。

```
txt = '''Python is one of the most promising programming languages today. Due to the
simplicity of Python syntax, many researchers and scientists prefer Python over many other
languages.'''
```

第一步是从文本中删除标点符号。若没有这一步，就会把'languages'和'languages.'视为两个不同的单词。下面的代码将删除句号和逗号。

```
txt = txt.replace('.', '').replace(',', '')
```

接下来，将文本拆分为单词，并将其放入列表中。

```
lst = txt.split()
print(lst)
```

生成的单词列表如下所示。

```
['Python', 'is', 'one', 'of', 'the', 'most', 'promising', 'programming',
 'languages', 'today', 'Due', 'to', 'the', 'simplicity', 'of', 'Python',
 'syntax', 'many', 'researchers', 'and', 'scientists', 'prefer', 'Python',
 'over', 'many', 'other', 'languages']
```

现在使用字典及其 setdefault()方法计算列表中每个单词出现的次数，如下所示。

```
dct = {}
for w in lst:
  c = dct.setdefault(w,0)
  dct[w] += 1
```

首先，创建一个空字典。然后，使用列表中的单词作为键，在字典中添加键值对。setdefault()方法将每个键的初始值设置为 0。对于每个第一次出现的单词，该值增加 1，得到计数 1。随后出现该单词时，setdefault()使之前的计数值保持不变，但通过+=运算符使计数值递增 1，从而得到每个单词的准确计数。

在输出字典之前，你可能希望按每个单词出现的次数对字典进行排序。

```
dct_sorted = dict(sorted(dct.items(), key=lambda x: x[1], reverse=True))
print(dct_sorted)
```

使用字典的 items()方法，可以将该字典转换为元组列表，其中每个元组包含字典的键和值。sorted()函数的 key 参数设置为 lambda x: x[1]。lambda 定义一个无名称函数，其函数体只有一个表达式 x[1]。这里表示根据索引为 1 的元素对元组进行排序，即根据字典 dct 的值进行排序。生成的字典如下所示。

```
{'Python': 3, 'of': 2, 'the': 2, 'languages': 2, 'many': 2, 'is': 1, 'one': 1,
 'most': 1, 'promising': 1, 'programming': 1, 'today': 1, 'Due': 1, 'to': 1,
 'simplicity': 1, 'syntax': 1, 'researchers': 1, 'and': 1, 'scientists': 1,
 'prefer': 1, 'over': 1, 'other': 1}
```

2.3.3　将 JSON 文件加载到字典中

我们不仅可以轻松地将 Python 的字典转换为 JSON 文件，还可以把 JSON 文件加载到字典中。下面的代码仅使用赋值运算符将表示为 JSON 文档的字符串加载到字典中。

```
d = { "PONumber"              : 2608,
      "ShippingInstructions" : {"name" : "John Silver",
                                "Address": { "street" : "426 Light Street",
                                             "city" : "South San Francisco",
                                             "state" : "CA",
                                             "zipCode" : 99237,
                                             "country" : "United States of America" },
                               "Phone" : [ { "type" : "Office", "number" : "809-123-9309" },
                                           { "type" : "Mobile", "number" : "417-123-4567" }
                                         ]
                               }
    }
```

该字典的结构很复杂。键 ShippingInstructions 的值是一个字典，其中 Address 键的值是另一个字典，Phone 键的值是一个字典列表。

使用 JSON 模块的 json.dump()方法将字典直接保存到一个 JSON 文件中。

```
import json
with open("po.json", "w") as outfile:
  json.dump(d, outfile)
```

同样，使用 json.load()方法将 JSON 文件的内容直接加载到 Python 字典中。

```
with open("po.json",) as fp:
    d = json.load(fp)
```

这里得到的字典与本节开头定义的字典是一样的。第 4 章将更详细地讨论如何使用文件。

2.4 集合

Python 的集合（set）是一个无序集合，且集合中不允许有重复元素。集合元素以逗号分隔，并用花括号括起来，如下所示。

```
{'London', 'New York', 'Paris'}
```

2.4.1 从序列中删除重复项

因为集合的元素是不允许重复的，所以当需要从列表或元组中删除重复项时，集合将非常有用。假设一家企业想要查看其客户列表，你可以通过导出客户订单上的名称获得客户列表。由于客户可能下了多个订单，因此该列表可能有重复的名称。这时，使用集合删除重复项，如下所示。

```
lst = ['John Silver', 'Tim Jemison', 'John Silver', 'Maya Smith']
lst = list(set(lst))
print(lst)
```

首先将原始列表转换为集合，然后再将其转换回列表。集合的构造函数 set()会自动删除重复项。更新后的列表如下所示。

```
['Maya Smith', 'Tim Jemison', 'John Silver']
```

这种方法的缺点是不能保持元素的原始顺序。这是因为集合是无序的项目集合。实际上，如果运行上面的代码两三次，每次输出的顺序可能会不同。

如果要删除重复项且保持原始顺序不变，可以使用 Python 函数 sorted()，如下所示。

```
lst = ['John Silver', 'Tim Jemison', 'John Silver', 'Maya Smith']
lst = list(sorted(set(lst), key=lst.index))
```

sorted()函数根据原始列表的索引对集合进行排序，从而使最终得到的列表保持原始顺序。更新后的列表如下所示。

```
['John Silver', 'Tim Jemison', 'Maya Smith']
```

2.4.2　实现常见集合运算

Python 集合具有实现常见数学集合的运算（如并集和交集）的方法。通过集合方法，轻松地合并集合或提取多个集合共同的元素。

想象一下，你需要根据照片内容对大量照片进行分类。为了轻松完成这项任务，你可以先使用视觉识别工具（如 Clarifai API）为每张照片生成一组描述性标签，后使用 intersection()比较这些标签集合。intersection()可以比较两个集合，并创建一个包含这两个集合的相同元素的新集合。在该示例中，两个集合包含的标签越多，说明两张图片越相似。

为简单起见，以下示例仅使用两张照片。使用它们相应的描述性标签集合，可以确定两张照片的主题在多大程度上相似。

```
photo1_tags = {'coffee', 'breakfast', 'drink', 'table', 'tableware', 'cup', 'food'}
photo2_tags = {'food', 'dish', 'meat', 'meal', 'tableware', 'dinner', 'vegetable'}
intersection = photo1_tags.intersection(photo2_tags)
if len(intersection) >= 2:
  print("The photos contain similar objects.")
```

在这段代码中，使用 intersection()方法求两个集合的相同元素。如果两组照片的相同元素有两个或多于两个，则可以断定这些照片具有相似的主题，因此可以将其组合在一起。

练习 2-1：改进照片标签分析算法

请练习本章所学内容。我们继续使用集合的照片标签分析示例。该练习还需要使用字典和列表。

在集合的照片标签分析示例中，我们只比较了两张照片的描述性标签，通过交集运算确定它们相同的标签。现在，我们将完善代码的功能，以便它可以处理任意数量的照片，并根据相同的标签对它们进行分组。

作为输入，假设有以下字典列表，其中每个字典代表一张照片（当然，可以自定义包含更多元素的列表）。此处使用的字典列表可以从本书配套的 GitHub 存储库下载（请搜索 "pythondatabook/sources/blob/main/ch2/list_of_dicts.txt"）。

```
l = [
 {
  "name": "photo1.jpg",
  "tags": {'coffee', 'breakfast', 'drink', 'table', 'tableware', 'cup', 'food'}
 },
 {
  "name": "photo2.jpg",
  "tags": {'food', 'dish', 'meat', 'meal', 'tableware', 'dinner', 'vegetable'}
 },
 {
  "name": "photo3.jpg",
  "tags": {'city', 'skyline', 'cityscape', 'skyscraper', 'architecture', 'building',
           'travel'}
 },
 {
  "name": "photo4.jpg",
  "tags": {'drink', 'juice', 'glass', 'meal', 'fruit', 'food', 'grapes'}
 }
]
```

使用相同的标签对照片进行分组，并将结果保存到字典中。

```
photo_groups = {}
```

为了完成这项任务，需要迭代列表中所有可能的照片对。这可以通过两个 for 循环实现，代码结构如下。

```
for i in range(1, len(l)):
  for j in range(i+1,len(l)+1):
    print(f"Intersecting photo {i} with photo {j}")
    # Implement intersection here, saving results to photo_groups
```

作为练习，需要自己实现内部 for 循环主体，以便它计算 l[i]['tags']和 l[j]['tags']的交集。如果交集的结果不是空的，需要在 photo_groups 字典中创建一个新的键值对，键由相交的标签名称组成，而值是包含相应照片文件名的列表。如果某组相同标签的键已经存在，则只需要将相应照片文件名添加到值的列表中。要实现此功能，使用 setdefault() 方法。

如果使用上述照片列表，将得到以下字典。

```
{
  'tableware_food': ['photo1.jpg', 'photo2.jpg'],
   'drink_food': ['photo1.jpg', 'photo4.jpg'],
   'meal_food': ['photo2.jpg', 'photo4.jpg']
}
```

如果使用自定义的包含更多照片的列表，可能会在生成的字典中看到更多键，每个键也可能关联更多文件名。

2.5　总结

本章介绍了 Python 的 4 种内置数据结构——列表、元组、字典和集合。我们通过大量示例学习了这些数据结构如何表示现实世界的对象，并了解了如何将它们组合成嵌套结构，包括元组列表、字典列表和值为列表的字典。

本章还探讨了 Python 的一些特性，这些特性允许我们轻松地用 Python 构建数据分析应用程序。例如，我们学习了如何使用列表推导式从现有列表创建新列表，以及如何使用 setdefault() 方法有效地访问和操作字典中的数据。通过示例，我们了解了如何将这些功能应用到文本处理和照片分析等具有挑战性的任务中。

第3章

Python 第三方库

Python 具有强大的第三方库生态系统，我们会发现它对数据分析和操作非常有用。本章将介绍 3 个非常受欢迎的第三方库——NumPy 库、pandas 库和 scikit-learn 库。正如我们将看到的，无论是显式的还是隐式的，许多数据分析应用软件广泛地使用这些第三方库。

3.1 NumPy 库

NumPy（Numeric Python）库对处理数组（array）非常有用。数组是存储相同数据类型的数据结构。许多其他执行数值计算的 Python 库依赖 NumPy 库。

NumPy 数组是由相同类型的元素组成的（可能是多维的）有序序列，是 NumPy 库的关键组成部分。NumPy 数组的元素以一组非负整数作为索引。NumPy 数组与 Python 列表类似，但 NumPy 数组需要更少的内存，而且通常计算速度更快，因为它们使用优化的 C 语言实现。

NumPy 数组支持逐点运算（element-wise operation）。逐点运算允许使用紧凑且可读性好的代码在整个数组上执行基本算术运算。逐点运算对两个相同维度的数组进行运算，生成另一个相同维度的数组，其元素 *i* 和 *j* 是对原始两个数组的元素 *i* 与 *j* 进行计算的结果。图 3-1 显示了两个 NumPy 数组的逐点运算。

0	1
2	3

+

3	2
1	0

=

3	3
3	3

图 3-1　两个 NumPy 数组的逐点运算

从图 3-1 可以看到，生成的数组与原始的两个数组具有相同维度，每个新元素都是原始数组中相应元素的和。

3.1.1　安装 NumPy 库

NumPy 库是第三方库，也就是说，它不是 Python 标准库的一部分。安装 NumPy 库的简单方法如下。

```
$ pip install NumPy
```

Python 将 NumPy 库视为一个模块，因此在使用前需要先加载 NumPy 库。

3.1.2　创建 NumPy 数组

NumPy 数组可以由一个或多个列表创建。假设某公司每位员工过去 3 个月的基本工资都组成一个列表，那么可以使用如下代码将所有工资列表放入一个 Numpy 数组中。

```
❶ import numpy as np
❷ jeff_salary = [2700,3000,3000]
  nick_salary = [2600,2800,2800]
  tom_salary = [2300,2500,2500]
❸ base_salary = np.array([jeff_salary, nick_salary, tom_salary])
  print(base_salary)
```

首先，导入 NumPy 库❶。然后，创建 3 个列表，其中每个列表包含每个员工过去 3 个月的基本工资❷。最后，将这些列表组合成一个 NumPy 数组❸。得到的数组如下。

```
[[2700 3000 3000]
 [2600 2800 2800]
 [2300 2500 2500]]
```

这是一个二维数组，有两个维度，索引从 0 开始。轴 0 垂直向下穿过数组的行，而轴 1 水平穿过数组的列。

用同样的方式创建包含员工每月奖金的数组。

```
jeff_bonus = [500,400,400]
nick_bonus = [600,300,400]
tom_bonus = [200,500,400]
bonus = np.array([jeff_bonus, nick_bonus, tom_bonus])
```

3.1.3　逐点运算

当数组的维度相同时，逐点运算很容易实现。例如，将 base_salary[]和 bonus[]两个数组相加，得到每个员工的每月收入总额。

```
❶ salary_bonus = base_salary + bonus
  print(type(salary_bonus))
  print(salary_bonus)
```

可以看到，数组加法运算只需要一行代码❶。计算结果也是一个 NumPy 数组，其中每个元素都是 base_salary[]和 bonus[]数组对应元素的和。

```
<class 'NumPy.ndarray'>
[[3200 3400 3400]
 [3200 3100 3200]
 [2500 3000 2900]]
```


3.1.4 使用 NumPy 统计函数

NumPy 统计函数用于分析数组数据，例如，找出整个数组的最大值或数组中指定轴的数据的最大值。

假设希望找出数组 salary_bonus[]的最大值，可以使用 NumPy 数组的 max()函数实现。

```
print(salary_bonus.max())
```

该函数返回过去 3 个月内所有员工月收入的最大值。

```
3400
```

NumPy 统计函数还可以找出数组中指定轴的最大值。如果想得到过去 3 个月内每位员工的最高月收入，可以使用 NumPy 的 amax()函数，如下所示。

```
print(np.amax(salary_bonus, axis = 1))
```

通过指定 axis=1，让 amax()水平搜索 salary_bonus[]数组的最大值，从而在每一行上应用该函数，即计算过去 3 个月内每位员工的最高月收入。

```
[3400 3200 3000]
```

同样，通过将 axis 参数更改为 0 计算每个月内所有员工的最高月收入。

```
print(np.amax(salary_bonus, axis = 0))
```

结果如下。

```
[3200 3400 3400]
```

注意 有关 NumPy 统计函数的完整列表，请参阅 NumPy 文档。

练习 3-1：使用 NumPy 统计函数

在上面的示例中，np.amax()函数的结果也是一个 NumPy 数组。这意味着，如果要在其结果中找到最大值，可以再次使用 np.amax()函数。同样，可以将结果传递给任何其他 NumPy 统计函数，如 np.median()或 np.average()。试着计算每个月内所有员工收入最大值的平均值。

3.2 pandas 库

pandas 库是面向数据的 Python 应用程序的标准库（pandas 的名称源自 Python Data Analysis Library）。pandas 库包括两种数据结构：序列是一维的，数据框是二维的。虽然数据框是 pandas 库的主要数据结构，但数据框实际上是序列的集合。因此，了解序列和数据框都很重要。

3.2.1 安装 pandas 库

标准 Python 发行版不包含 pandas 库。使用以下命令安装 pandas 库。

```
$ pip install pandas
```

pip 命令可以解析 pandas 库的依赖库，同时安装 NumPy、pytz 和 python dateutil。与 NumPy 库一样，在使用 pandas 库之前须加载它。

3.2.2 序列

序列是一个一维的带标签数组。默认情况下，序列的标签为其位置索引，就像在 Python 列表中一样。但是，用户可以自定义标签。这些标签不要求是唯一的，但必须是可哈希类型，如整数、浮点数、字符串或元组。

序列元素可以是任何类型（整数、字符串、浮点数、Python 对象等），但是序列元素最好是同一类型的。最终，一个序列可能会变成更大数据框的一列，用户可能不太希望数据框中同一列的数据是不同类型的。

1. 创建序列

创建序列的方法有很多种。在大多数情况下，一维数据可以转化为一个序列。下面把 Python 列表转化成一个序列。

```
❶ import pandas as pd
❷ data = ['Jeff Russell','Jane Boorman','Tom Heints']
```

```
❸ emps_names = pd.Series(data)
  print(emps_names)
```

首先，导入 pandas 库并将其命名为 pd ❶。然后，创建一个条目列表（作为序列数据使用）❷。最后，将列表传递给序列构造函数以创建序列❸。

这就创建了索引默认为数字（从 0 开始）的序列。

```
0       Jeff Russell
1       Jane Boorman
2       Tom Heints
dtype: object
```

dtype 显示了序列基础数据的数据类型。默认情况下，pandas 使用数据类型 object 存储字符串。

创建一个包含用户自定义索引的序列，如下所示。

```
data = ['Jeff Russell','Jane Boorman','Tom Heints']
emps_names = pd.Series(data,index=[9001,9002,9003])
print(emps_names)
```

现在，emps_names 序列如下所示。

```
9001    Jeff Russell
9002    Jane Boorman
9003    Tom Heints
dtype: object
```

2. 访问序列元素

通过索引访问序列元素，即在序列名称后的方括号内指定所需元素的索引，如下所示。

```
print(emps_names[9001])
```

这将输出与索引 9001 对应的元素。

```
Jeff Russell
```

或者使用序列对象的 loc 属性访问序列元素。

```
print(emps_names.loc[9001])
```

虽然在该序列对象中使用了自定义索引，但是仍然可以通过 iloc 属性按位置访问其元素。例如，下面的代码输出序列的第一个元素。

```
print(emps_names.iloc[0])
```

也可以通过切片符号访问多个元素。

```
print(emps_names.loc[9001:9002])
```

输出结果如下。

```
9001    Jeff Russell
9002    Jane Boorman
```

请注意，带 loc 的切片包括右端点（在本例中为索引 9002），而 Python 切片语法通常不包括右端点。

还可以使用切片按位置而不是按索引确定访问元素的范围。例如，前面的结果可以由以下代码生成。

```
print(emps_names.iloc[0:2])
```

或者使用如下更简单的代码。

```
print(emps_names[0:2])
```

与带 loc 的切片不同，带[]或 iloc 的切片的工作原理与通常的 Python 切片的相同：包括开始位置，但不包括停止位置。因此，[0:2]省略位置 2 的元素，只返回前两个元素。

3. 把序列合并为数据框

多个序列可以合并为一个数据框。创建另一个序列，并将其与 emps_names 合并。

```
  data = ['jeff.russell','jane.boorman','tom.heints']
❶ emps_emails = pd.Series(data,index=[9001,9002,9003], name = 'emails')
❷ emps_names.name = 'names'
❸ df = pd.concat([emps_names,emps_emails], axis=1)
  print(df)
```

通过调用序列的构造函数 Series()创建新序列❶，并传递 3 个参数——要转换为序列的列表、序列的索引和序列的名称。

将序列合并为数据框前，需要对其命名，因为它们的名称将成为数据框相应的列名称。由于之前在创建 emps_names 序列时没有对其命名，因此这里通过序列 name 属性将其名称设置为'names'❷。之后，将 emps_names 与 emps_emails 序列合并❸，axis=1 表示按列合并。生成的数据框如下。

```
             names        emails
9001  Jeff Russell  jeff.russell
9002  Jane Boorman  jane.boorman
9003    Tom Heints    tom.heints
```

练习 3-2：合并 3 个序列

在本节中，通过合并两个序列创建了一个数据框。使用同样的方法，尝试将 3 个序列创建为一个数据框。为了做到这一点，需要再创建一个序列（如 emps_phones）。

3.2.3 数据框

数据框是一种带标签的二维数据结构，每一列的数据类型可以不同。数据框可以被视为一个类似于字典的用于存储序列的容器，字典的每个键都是列标签，对应的值是一个序列。

如果读者熟悉关系数据库，会注意到数据框类似于常规 SQL 表。图 3-2 展示了数据框的示例。

索引列

	Date	Open	High	Low	Close	Volume
0	2020-08-26	412.00	443.20	410.73	430.63	71197000
1	2020-08-27	436.09	459.12	428.50	447.75	118465000
2	2020-08-28	459.02	463.70	437.30	442.68	20081200
3	2020-08-31	444.61	500.14	440.11	498.32	117841900
4	2020-09-01	502.14	502.49	470.51	493.43	43843641

图 3-2 数据框的示例

请注意，数据框包含一个索引列。与序列一样，默认情况下，数据框使用从 0 开始的数字索引。但是，可以用一个或多个现有列替换默认索引。图 3-3 显示了相同的数据框，但将 Date 列设置为索引。

索引列

Date	Open	High	Low	Close	Volume
2020-08-26	412.00	443.20	410.73	430.63	71197000
2020-08-27	436.09	459.12	428.50	447.75	118465000
2020-08-28	459.02	463.70	437.30	442.68	20081200
2020-08-31	444.61	500.14	440.11	498.32	117841900
2020-09-01	502.14	502.49	470.51	494.43	45409943

图 3-3 使用数据的一列作为索引的数据框

在该示例中，索引是日期类型的。事实上，pandas 允许数据框的索引是任何类型的。常用的索引类型是整数和字符串。但是，不仅可以使用简单数据类型，还可以定义序列类型的索引，如列表或元组，甚至可以使用不是 Python 内置的对象类型（这可能是第三方数据类型，甚至是用户自定义的类型）。

1. 创建数据框

除通过合并多个序列对象来创建数据框之外，还可以通过使用 pandas 库的 reader()方法从数据库、CSV 文件、API 请求或其他外部源加载数据来创建数据帧。reader 方法可以将不同类型（如 JSON 和 Excel）的数据读入数据框。

考虑图 3-2 所示的数据框。它可能是通过 yfinance 库请求 Yahoo Finance API 创建的。为了创建一个数据框，首先，使用 pip 安装 yfinance 库，如下所示。

```
$ pip install yfinance
```

然后，获取股票数据。

```
  import yfinance as yf
❶ tkr = yf.Ticker('TSLA')
❷ hist = tkr.history(period="5d")
❸ hist = hist.drop("Dividends", axis = 1)
  hist = hist.drop("Stock Splits", axis = 1)
❹ hist = hist.reset_index()
```

在上面的代码中，我们向 API 发送一个请求，以获取给定股票代码的股价数据❶，并使用 yfinance 库的 history()方法指定需要查询 5 天的数据❷，数据存储在 hist 变量中。数据已经以数据框的形式存在，不需要显式地创建数据框（yfinance 库在后台自动做了这件事）。获取数据框后，删除几列❸，之后把数据框的索引变为数字索引❹，得到图 3-2 所示的数据框。

如果要把索引设置为 Date 列，可以执行以下代码。

```
hist = hist.set_index('Date')
```

注意 yfinance 库会自动把数据框的索引设置为 Date 列。在前面的示例中，我们把数据框的索引改为数字索引，然后改为日期索引，是为了说明 reset_index()和 set_index()的使用方法。

现在，我们将尝试把 JSON 文档转换为 pandas 对象。此处使用的样本数据集包含 3 名员工的月薪数据，他们的 ID 记录在 Empno 列中。

```
import json
import pandas as pd
data = [
 {"Empno":9001,"Salary":3000},
 {"Empno":9002,"Salary":2800},
 {"Empno":9003,"Salary":2500}
]
❶ json_data = json.dumps(data)
```

```
❷ salary = pd.read_json(json_data)
❸ salary = salary.set_index('Empno')
  print(salary)
```

使用 pandas 的 read_json()函数将 JSON 字符串读入数据框❷。为简单起见，本例使用 json.dumps()转换从列表得到的 JSON 字符串❶。在实际中，可以向 read_json()函数传递 JSON 文件的路径以读入感兴趣的 JSON 文件，或者向一个 HTTP API 传递 URL 以读入其 JSON 格式的数据。最后，将 Empno 列设置为数据框的索引❸，从而替换默认的数字索引。

得到的数据框如下所示。

```
Empno    Salary
9001     3000
9002     2800
9003     2500
```

另一种常见做法是利用 Python 内置数据结构创建数据框。例如，以下代码把嵌套列表转化为数据框。

```
  import pandas as pd
❶ data = [['9001','Jeff Russell', 'sales'],
          ['9002','Jane Boorman', 'sales'],
          ['9003','Tom Heints', 'sales']]
❷ emps = pd.DataFrame(data, columns = ['Empno', 'Name', 'Job'])
❸ column_types = {'Empno': int, 'Name': str, 'Job': str}
  emps = emps.astype(column_types)
❹ emps = emps.set_index('Empno')
  print(emps)
```

首先，创建嵌套列表❶，即列表的每个元素也是列表。列表的每个元素将成为数据框中的一行。然后，创建数据框，定义要使用的列❷。接下来，使用 column_types 字典更改默认情况下数据框中列的数据类型❸。这一步不是必需的，但如果计划将数据框连接到另一个数据框，这一步可能非常关键。这是因为只能在相同数据类型的列上连接两个数据框。最后，将 Empno 列设置为数据框的索引❹。

最终得到如下数据框。

```
Empno          Name    Job
9001   Jeff Russell  sales
9002   Jane Boorman  sales
9003     Tom Heints  sales
```

请注意，emps 和 salary 数据框都使用 Empno 作为索引列来唯一标识每一行。这可以简化将两个数据框合并的过程。我们将在后面讨论数据框的合并。

2. 合并数据框

pandas 库可以将多个数据框合并（或连接）在一起，类似于关系数据库中不同表的合并。这可以方便把不同来源的数据放在一起分析。pandas 库有两种合并数据框的方式——使用 merge()和 join()。虽然两个函数的参数不同，但两个函数在很多情况下其实可以互换。

首先，我们将以前面定义的 emps 和 salary 两个数据框为例，学习合并数据框，如图 3-4 所示。这是一个一对一合并的示例，即数据框中的一行与另一个数据框中的一行相关联。

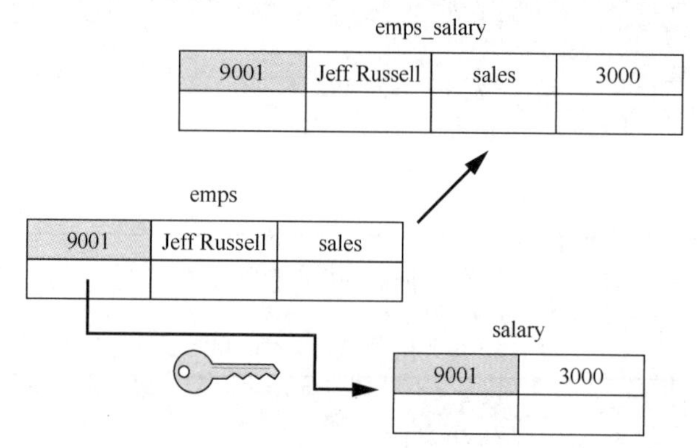

图 3-4　以一对一关系合并两个数据框

图 3-4 显示了 emps 数据框的一行和 salary 数据框的一行。这两行数据具有相同的索引值 9001，因此可以将它们合并为新数据框 emps_salary 的一行。在关系数据库中，表与表相关联的列称为键列（key column），而在 pandas 库中，相关联的列是索引（index）。图 3-4 使用钥匙图标表示两个数据库的关系。

使用 join()方法合并数据框。

```
emps_salary = emps.join(salary)
print(emps_salary)
```

join()方法的主要功能是根据索引合并数据框。因为根据索引合并数据框是 join()默认的，在该示例中，合并两个数据框甚至不需要提供任何额外的参数。

合并后的数据框如下。

```
Empno          Name    Job  Salary
9001   Jeff Russell  sales    3000
9002   Jane Boorman  sales    2800
9003     Tom Heints  sales    2500
```

在实践中，即使其中一个数据框中的行与另一个数据框中的行不匹配，可能也需要连接两个数据框。假设 emps 数据框中还有一行，而 salary 数据框中没有相应的行。

```
new_emp = pd.Series({'Name': 'John Hardy', 'Job': 'sales'}, name = 9004)
emps = emps.append(new_emp)
print(emps)
```

这里创建一个序列对象，然后使用 append()方法将其添加到 emps 数据框中。这是向数据框中添加新行的常用方法。更新后的 emps 数据框如下。

```
Empno          Name    Job
9001   Jeff Russell  sales
9002   Jane Boorman  sales
9003     Tom Heints  sales
9004     John Hardy  sales
```

然后再次合并 emps 和 salary 数据框。

```
emps_salary = emps.join(salary)
print(emps_salary)
```

得到如下数据框。

```
Empno          Name    Job  Salary
9001   Jeff Russell  sales  3000.0
9002   Jane Boorman  sales  2800.0
9003     Tom Heints  sales  2500.0
9004     John Hardy  sales     NaN
```

请注意，添加到 emps 数据框的行（索引为 9004 的行）显示在合并后的数据框中，尽管它在 salary 数据框中没有相关行。最后一行的 Salary 字段中的 NaN 表示缺少薪资值。在某些情况下，允许这样的残缺行，但在其他情况下，可能希望排除一个数据框中没有的行。

默认情况下，join()方法在合并后的数据框中使用调用的数据框的索引，从而执行左合并（left join）。在本例中，调用 join()的数据框是 emps。因此，emps 是合并操作中的左数据框，它的所有行都包含在结果数据框中。通过设置 join()方法的参数 how 来更改此默认行为。此参数有以下值可以选择。

- left：使用调用的数据框（即左数据框）的索引（如果设置了参数 on，则使用另一列），合并后的数据框包含左数据框的所有行，仅包含右数据框的匹配行。
- right：使用右数据框的索引，合并后的数据框包含右数据框的所有行，仅包含左据框的匹配行。
- outer：合并后的数据框包含两个数据框的所有索引，返回两个数据框的所有行。
- inner：合并后的数据框包含两个数据框的索引的交集，返回索引交集对应的行。

图 3-5 显示了不同合并方式的结果。

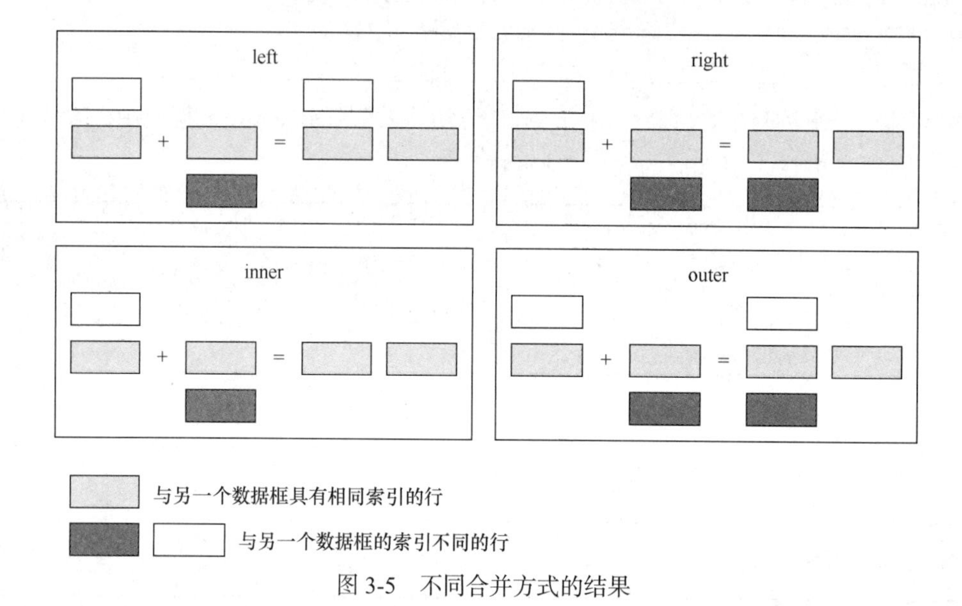

图 3-5　不同合并方式的结果

如果希望生成的数据框仅包括 emps 和 salary 共有的行，可以将 join()的 how 参数设置为 inner。

```
emps_salary = emps.join(salary, how = 'inner')
print(emps_salary)
```

生成的数据框如下所示。

```
Empno           Name    Job  Salary
9001    Jeff Russell  sales    3000
9002    Jane Boorman  sales    2800
9003      Tom Heints  sales    2500
```

在本例中，如果设置 how 参数为 right，join()得到 salary 数据框的所有行以及 emps 数据框与 salary 数据框的索引对应的行。因此，设置 how 参数为 right 也可以得到上面同样的结果。但是，注意，通常情况下，设置 how 参数为 right 和 inner 得到的结果会不一样。例如，如果在 salary 数据框中添加一行不能与 emps 数据框匹配的数据，那么把 how 参数设置为 right 得到的结果将包含此行以及其他与 emps 匹配的行。

注意　有关合并数据框的更多详细信息，请参阅 pandas 文档。

练习 3-3：使用不同的合并方式

对于join()方法，很重要的一点是理解 how 参数的值如何影响其合并数据框的方式。向 salary 数据框中添加新行，该行在 emps 数据框中找不到对应的 Empno 值。第一，将 emps 数据框与 salary 数据框合并，要求新的数据框只包括 emps 数据框中与 salary 数据框匹配的行。第二，将 emps 数据框与 salary 数据框合并，要求新的数据框包含两个数据框的所有行。

3. 一对多合并

在一对多合并中，一个数据框的一行可以匹配另一个数据框的多行。假设 emps 数据框中的每个销售人员都处理了一些订单，这可能记录在 orders 数据框中，如下所示。

```
import pandas as pd
data = [[2608, 9001,35], [2617, 9001,35], [2620, 9001,139],
        [2621, 9002,95], [2626, 9002,218]]
orders = pd.DataFrame(data, columns = ['Pono', 'Empno', 'Total'])
print(orders)
```

以下是 print(orders)的输出结果。

```
  Pono Empno Total
0 2608  9001    35
1 2617  9001    35
2 2620  9001   139
3 2621  9002    95
4 2626  9002   218
```

现在有了 orders 数据框，可以将其与 emps 数据框进行合并。这是一个一对多的数据框合并，因为 emps 数据框的一名员工可以与 orders 数据框的多行关联。

```
emps_orders = emps.merge(orders, how='inner', left_on='Empno',
                         right_on='Empno').set_index('Pono')
print(emps_orders)
```

上面的代码使用 merge()方法定义一个一对多合并，将 emps 数据框和 orders 数据框合并在一起。merge()方法设置两个数据框中要匹配的列，使用 left_on 设置调用数据框的列，使用 right_on 设置另一个数据框的列。在 join()方法中，只能为调用数据框设置要匹配的列。对于另一个数据框，join()使用索引列。

在本例中，merge()方法的参数 how 设置为 inner，这表示仅包括两个数据框匹配列的交集对应的行。生成的数据框如下所示。

```
Pono Empno          Name      Job  Total
2608   9001 Jeff Russell    sales     35
2617   9001 Jeff Russell    sales     35
2620   9001 Jeff Russell    sales    139
2621   9002 Jane Boorman    sales     95
2626   9002 Jane Boorman    sales    218
```

图3-6显示了一对多关系合并的工作原理。

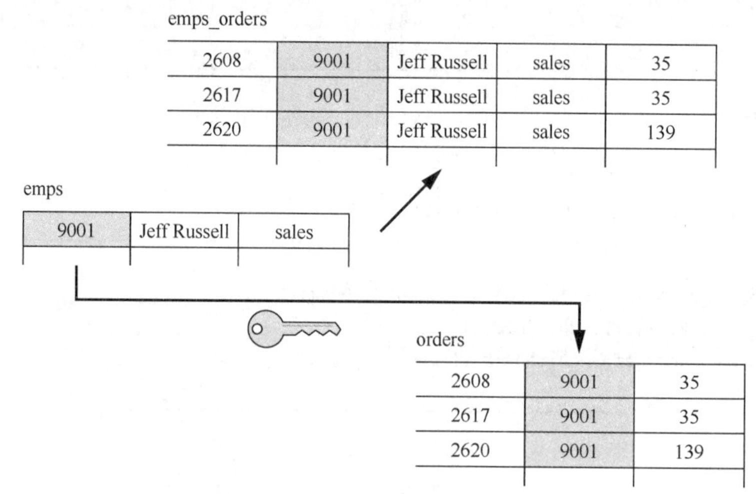

图3-6　一对多关系合并的工作原理

从图3-6可以看到，一对多合并的结果包含了“多”数据框的每一行。由于这里how设置为inner，因此合并后的数据框只包含两个数据框匹配列的交集对应的行。当参数how设置为left或者outer时，合并的数据框可能包含“一”数据框有但是“多”数据框没有的行。

除一对多合并和一对一合并之外，还有多对多合并。例如，考虑两个数据集：一个是图书数据集，另一个是作者数据集。作者数据集中的每条记录可以匹配图书数据集中的一条或多条记录，图书数据集中的每条记录也可能匹配作者数据集中的一条或多条记录。

4. 使用groupby()统计数据

pandas库的groupby()函数可以计算数据框中多行的统计数据。例如，groupby()可以求一列的和，或求一列中子集的平均值。

假设需要在前面创建的orders数据框中计算每个员工处理的订单数的平均值，可以按如下方式使用groupby()函数。

```
print(orders.groupby(['Empno'])['Total'].mean())
```

groupby()返回一个支持多个统计函数的GroupBy对象。在该例中，使用mean()函数计算每位员工订单数的平均数。为了实现该目标，首先按 Empno 列对 orders 数据框的行进行分组，然后对 Total 列应用函数 mean()以计算平均值。得到的结果是一个序列。

```
Empno
9001      69.666667
9002     156.500000
Name: Total, dtype: float64
```

现在，假设想要汇总每位员工订单数的总和，那么可以使用 GroupBy 对象的 sum()函数。

```
print(orders.groupby(['Empno'])['Total'].sum())
```

得到的序列如下所示。

```
Empno
9001    209
9002    313
Name: Total, dtype: int64
```

注意 要了解 GroupBy 对象支持的函数的更多信息，请参阅 pandas API 参考文档。

3.3 scikit-learn 库

scikit-learn 库是一个专为机器学习设计开发的 Python 第三方库。与 NumPy 库和 pandas 库一样，scikit-learn 库也是 Python 数据科学生态系统的另一个重要组成部分。scikit-learn 库提供了可用于常见的机器学习问题（包括探索性和预测性数据分析）的高效、易用的工具。第 12 章将深入探讨机器学习。目前，本节将简要介绍 Python 如何应用于机器学习领域，尤其是用于预测性数据分析。

预测性数据分析是机器学习的一个领域，主要包含分类和回归算法。分类和回归都使用过去的数据对新数据进行预测，但分类算法将数据预测为离散类别，而回归算法可以输出连续的数值范围。在本节中，我们将看一个使用 scikit-learn 库建立分类模型的示例。我们将建立一个预测模型，用来分析客户对产品的评论，并将其分为两类——正面评论和负面评论。该模型将从已经分类的样本中学习如何预测其他样本的类别。训练好模型后，我们将向训练好的模型输入一些新的评论，预测新评论为正面评论还是负面评论。

3.3.1 安装 scikit-learn 库

与 NumPy 库和 pandas 库一样，scikit-learn 库也是一个第三方 Python 库。按如下方式安装 scikit-learn 库。

```
$ pip install sklearn
```

scikit-learn 库有许多子模块，每个子模块都有特定功能。因此，通常只导入特定任务所需的子模块（如 sklearn.model_selection），而不是整个库。

3.3.2 获得样本数据

为了预测准确，预测模型需要使用大量具有标记的样本训练。因此，构建能够对产品评论进行分类的模型的第一步是获得一组已经标记为正面或负面的评论，这样用户就不用自己收集评论并手动标记它们了。

标记数据集可以从多个在线资源库中下载。在美国加州大学的机器学习库中，搜索“customer product reviews”可以找到 Sentiment Labelled Sentences Data Set。下载并解压文件 sentiment labelled sentences.zip。

注意 Sentiment Labelled Sentences Data Set 是 Dimitrios Kotzias 等人为论文“From Group to Individual Labels Using Deep Features”创建的数据集。

下载的 zip 文件包含来自 IMDb、Amazon 和 Yelp 的评论数据，都为.txt 文件。这些评论被标注为正面情绪或负面情绪（分别记为 1 或 0）；每个来源有 500 条正面评论和 500 条负面评论，整个数据集共有 3000 条评论。为了简单，我们只使用来自 Amazon 的评论数据，将其保存在文件 amazon_cells_labelled.txt 中。

3.3.3 把样本数据载入数据框

为了简化进一步的计算，我们需要将评论从文件中加载到更易于管理的数据结构中。使用 pd.read_csv()把 amazon_cells_labelled.txt 加载到数据框中，如下所示。

```
import pandas as pd
df = pd.read_csv('/usr/Downloads/sentiment labelled sentences/amazon_cells_labelled.txt',
                 names=[❶ 'review', ❷ 'sentiment'], ❸ sep='\t')
```

这里使用 pandas 库的 read_csv()方法将数据加载到数据框中。设置两列：第一列保存评论❶，第二列保存相应的情绪❷。由于在原始文件中评论与相应的情绪用 Tab 键隔开，因此需要设置分隔符为\t❸。

3.3.4 把数据分成训练数据集和测试数据集

我们已经读入数据集，现在可以将其分为两部分：一部分用于训练预测模型，另一部分用于测试其预测准确率。使用 scikit-learn 库只需几行代码即可实现这一点。

```
from sklearn.model_selection import train_test_split
reviews = df['review'].values
sentiments = df['sentiment'].values
reviews_train, reviews_test, sentiment_train, sentiment_test = train_test_split(reviews,
                                             sentiments, ❶ test_size=0.2, ❷ random_state=500)
```

使用 sklearn.model_selection 中的 train_test_split()函数分割数据集。通过从数据框中提取的相应序列对象的 value 得到评论及其相应情绪的 NumPy 数组，然后把评论及其相应的情绪传递给 train_test_split()函数。可以通过参数 test_size❶控制数据集的分割比例，test_size=0.2 表示把 20%的评论随机分配给测试数据集，剩下的 80%的评论将构成训练数据集。参数 random_state❷设置随机分割数据所需的内部随机数生成器的初始值。

3.3.5 把文本转化为数值特征向量

现在需要把文本数据用数字表示，才能训练和测试模型。我们用词袋模型（Bag of Words, BoW）来实现该目标。词袋模型将文本表示为单词集合，然后生成关于文本的数字数据。模型生成的典型的数字特征是词频，即每个单词在文本中出现的次数。下面的示例展示了词袋模型如何根据词频将文本转换为数字特征向量。

```
Text: I know it. You know it too.
BoW: {"I":1,"know":2,"it":2,"You":1,"too":1}
Vector: [1,2,2,1,1]
```

使用 scikit-learn 库的 CountVectorizer()函数为文本数据创建词袋矩阵。CountVectorizer()将文本数据转换为数字特征向量（代表某个文本的数字特征的 *n* 维向量），并使用默认的或自定义的词例化程序进行分词（将文本分为单个单词和标点符号）。自定义词例化程序可以通过自然语言处理工具（如 spaCy）实现。在本例中，我们将使用默认选项。以下代码可将评论转换为特征向量。

```
from sklearn.feature_extraction.text import CountVectorizer
vectorizer = CountVectorizer()
vectorizer.fit(reviews)
X_train = vectorizer.transform(reviews_train)
X_test = vectorizer.transform(reviews_test)
```

首先，创建一个 vectorizer 对象。然后，应用 vectorizer 的 fit()方法来构建 reviews 数据集（reviews 数据集包含训练数据集和测试数据集的所有评论）的单词组成的词汇表。最后，使用 vectorizer 对象的 transform()方法分别将训练数据集和测试数据集中的文本数据转换为数字特征向量。

3.3.6 训练和评估模型

我们已经有了数字向量形式的训练数据集和测试数据集，可以开始训练和测试模型了。首先，训练 scikit-learn 库的分类器 LogisticRegression()以预测评论的情绪。逻辑斯谛（logistic）回归是解决分类问题的一种基本算法。

这里，创建一个分类器 LogisticRegression()，然后使用其 fit()方法通过给定的训练数据训练模型。

```
from sklearn.linear_model import LogisticRegression
classifier = LogisticRegression()
classifier.fit(X_train, sentiment_train)
```

现在需要评估模型预测新数据的准确率。为此，需要一个带标签的数据集，这就是将数据集拆分为训练数据集和测试数据集的原因。这里，使用测试数据集评估模型。

```
accuracy = classifier.score(X_test, sentiment_test)
print("Accuracy:", accuracy)
```

预测的准确率如下。

```
Accuracy: 0.81
```

该模型的预测准确率为 81%。如果在 train_test_split()函数中尝试设置不同的 random_state 参数，可能会得到一个不同的值，这是因为训练数据集和测试数据集是从原始集中随机选择的。

3.3.7 在新数据中做预测

现在，我们已经对模型进行了训练和测试，可以用模型来分析新的数据了。这将让我们更全面地了解模型的工作情况。通过向模型输入一些新的评论试用该模型。

```
new_reviews = ['Old version of python useless', 'Very good effort, but not
               five stars', 'Clear and concise']
X_new = vectorizer.transform(new_reviews)
print(classifier.predict(X_new))
```

首先，创建一个新评论列表。然后，将新文本转换为数字特征向量。最后，预测新样本的情绪。情感以列表的形式返回。

```
[0, 1, 1]
```

0 表示负面评论，1 表示正面评论。这个模型对这些评论是有效的，第一条评论是负面的，另外两条评论是正面的。

3.4 总结

本章介绍了一些用于数据科学的 Python 第三方库。我们首先学习了 NumPy 库及其多维数组，然后学习了 pandas 库的序列和数据框两种数据结构。我们学习了如何从 Python 数据结构（如列表）和其他标准格式（如 JSON）存储的数据源创建 NumPy 数组、pandas 序列和数据框。我们还学习了如何访问和操作这些数据结构。最后，我们使用 scikit-learn 库建立了一个分类预测模型。

第4章

从文件和API访问数据

访问数据并将其载入Python是数据分析的第一步。本章主要介绍将文件和其他来源的数据载入Python的方法，以及将数据导出到文件的方法。我们将学习如何访问不同类型文件的内容，包括存储在本地计算机的文件和通过HTTP请求远程访问的文件。我们还将学习通过URL访问API发送请求以获取数据的方法。最后，我们将学习如何将不同类型的数据加载到数据框中。

4.1 使用Python函数open()导入数据

Python的内置函数open()可以用脚本打开待处理的任何类型的文件。该函数返回一个file对象，该对象有一些方法，允许用户访问和操作文件的内容。但是，如果文件包含的数据具有特定格式，如CSV、JSON或HTML，则还需要加载相应的库来访问和操作数据。处理纯文本文件不需要特殊的库，使用open()返回的file对象的方法即可。

4.1.1 文本文件

文本（.txt）文件可能是最常见的文件类型之一。对于Python来说，文本文件是一系列字符串对象。每个字符串对象都是文本文件的一行，即以不显示的换行符（\n）或回车符结尾的字符序列。

> **注意** 文本文件的一行可能会在屏幕上显示为多行，具体取决于查看窗口的宽度，但是只要它没有用换行符分隔，Python仍然会将其理解为一行。

Python有处理文本文件的内置函数，可以对文本文件执行读、写和追加操作。本节将重点介绍如何从文本文件中读取数据。首先，在文本编辑器中输入以下段落，并将其保存为excerpt.txt。请在第一段末尾按两次Enter键以在段落之间创建空行，但不要在段落内按

Enter 键。

```
Today, robots can talk to humans using natural language, and they’ re getting smarter. Even so,
very few people understand how these robots work or how they might use these technologies in
their own projects.

Natural language processing (NLP) - a branch of artificial intelligence that helps machines
understand and respond to human language - is the key technology that lies at the heart of any
digital assistant product.
```


对于人来说，这篇文章由两段组成，共 3 句话。然而，对于 Python 来说，这段文字包括两个非空行和两行之间的一个空行。以下代码将文件的全部内容读入 Python 并输出。

```
❶ path = "/path/to/excerpt.txt"
  with open(❷ path, ❸ "r") as ❹ f:
  ❺ content = f.read()
  print(content)
```

首先指定文件路径❶，需要将路径/path/to/excerpt.txt 更改为用户计算机中保存文件的路径。将该路径作为第一个参数传递给函数 open()❷。open()函数的第二个参数用于设置文件的使用方式，该参数的默认值表示读取文件，即文件的内容将被打开，且仅用于读取（而非编辑），并被视为字符串。上面的代码明确设置 open()函数的第二个参数为“r”，表示读取文本文件❸，但这并不是必需的（将该参数设置为“rt”也表示读取文本文件）。open()函数返回指定模式的文件对象❹。然后，使用 file 对象的 read()方法读取文件的全部内容❺。

使用 with 关键字可以确保 open()函数打开的文件在文件处理之后，即使引发了异常，file 对象也会正确关闭。否则，需要调用 f.close()关闭文件对象并释放所消耗的系统资源。以下代码从相同的文件路径/path/to/extract.txt 逐行读取文件内容，且仅输出非空行。

```
path = "/path/to/excerpt.txt"
with open(path,"r") as f:
❶ for i, line in enumerate(f):
  ❷ if line.strip():
      print(f"Line {i}: ", line.strip())
```

在本例中，使用 enumerate()函数为每一行添加行号❶，然后使用 strip()方法过滤空行❷，该方法将删除每行字符串对象开头和结尾的所有空白。文本文件中空白的第 2 行只包含一个字符，即换行符，strip()会将其删除。因此，第 2 行变成一个空字符串，if 语句认为其为 False 并跳过。输出如下所示，可以看到，输出结果没有 Line 1。

```
Line 0: Today, robots can talk to humans using natural language, and they're getting smarter.
Even so, very few people understand how these robots work or how they might use these
technologies in their own projects.
```

```
Line 2: Natural language processing (NLP) - a branch of artificial intelligence that helps
machines understand and respond to human language - is the key technology that lies at the
heart of any digital assistant product.
```

如果不想输出文本，可以使用列表推导式将每一行文本放到一个列表中。

```
path = "/path/to/excerpt.txt"
with open(path,"r") as f:
  lst = [line.strip() for line in f if line.strip()]
```

每个非空行都将是列表的一个元素。

4.1.2　表格数据文件

表格数据（tabular data）文件是将数据组织成行的文件。每一行通常包含关于某人或某事的信息，如下所示。

```
Jeff Russell, jeff.russell, sales
Jane Boorman, jane.boorman, sales
```

这是平面文件（flat file）的一个示例。平面文件是较常见的表格数据文件。平面文件包含简单结构（平面）的记录，即记录不包含嵌套结构或子记录。通常，平面文件是格式为 CSV 或制表符分隔值（Tab-Separated Value，TSV）的纯文本文件，每行包含一条记录。在.csv 文件中，记录中的值用逗号分隔，而在.tsv 文件中用制表符分隔。这两种格式都得到了广泛的支持，并且经常用于数据交换，以便在不同的应用程序之间移动表格数据。

下面是一个关于 CSV 格式数据的示例，其中第一行是列的标题，标题可以作为其余行数据的键。将此数据复制到文本编辑器中，并将其另存为 cars.csv。

```
Year,Make,Model,Price
1997,Ford,E350,3200.00
1999,Chevy,Venture,4800.00
1996,Jeep,Grand Cherokee,4900.00
```

Python 函数 open()可以在文本模式下打开.csv 文件，然后使用 csv 模块的 DictReader()将数据加载到 Python 中，如下所示。

```
import csv
path = "/path/to/cars.csv"
with open(path, "r") as ❶ csv_file:
  csv_reader = ❷ csv.DictReader(csv_file)
  cars = []
  for row in csv_reader:
  ❸ cars.append(dict(row))
```

```
print(cars)
```

open()函数返回一个文件对象❶，把该文件对象传递给 csv 模块的阅读器。在本例中，使用 csv 模块的 DictReader()方法将每行数据映射到字典（使用第一列的相应标题作为键）❷。然后把字典的每一个元素添加到列表中❸，由此产生的字典列表如下所示。

```
[
 {'Year': '1997', 'Make': 'Ford', 'Model': 'E350', 'Price': '3200.00'},
 {'Year': '1999', 'Make': 'Chevy', 'Model': 'Venture', 'Price': '4800.00'},
 {'Year': '1996', 'Make': 'Jeep', 'Model': 'Grand Cherokee', 'Price': '4900.00'}
]
```

或者，也可以使用 csv 模块的 reader()方法把.csv 文件转换为嵌套列表，其中每个内部列表代表文件的一行（标题行也作为一个内部列表）。

```
import csv
path = "cars.csv"
with open(path, "r") as csv_file:
  csv_reader = csv.reader(csv_file)
  cars = []
  for row in csv_reader:
    cars.append(row)
print(cars)
```

输出如下。

```
[
  ['Year', 'Make', 'Model', 'Price']
  ['1997', 'Ford', 'E350', '3200.00']
  ['1999', 'Chevy', 'Venture', '4800.00']
  ['1996', 'Jeep', 'Grand Cherokee', '4900.00']
]
```

csv.DictReader()和 csv.reader()都有一个可选分隔符参数，用于设置表格数据文件中的分隔符。此参数默认为逗号，这非常适合.csv 文件。但是，通过将参数设置为 delimiter= “\t”，我们可以读取.tsv 文件。

练习 4-1：打开 JSON 文件

我们可以使用 open()函数以文本形式打开 JSON 文件，然后使用 JSON 模块进行进一步处理。与 csv 一样，json 是一个内置的 Python 包，因此不需要单独安装。在第 3 章中，我们使用 json 模块将 JSON 文件转换为数据框。在本练习中，使用 json 模块将以下文本保存为.json 文件。

```
{"cars":
  [{"Year": "1997", "Make": "Ford", "Model": "E350", "Price": "3200.00"},
   {"Year": "1999", "Make": "Chevy", "Model": "Venture", "Price": "4800.00"},
   {"Year": "1996", "Make": "Jeep", "Model": "Grand Cherokee", "Price": "4900.00"}
]}
```

使用 open()函数以读取模式打开文件，并将文件对象发送给 json.load()方法，该方法将 JSON 反序列化为 Python 对象，然后从该对象中提取包含汽车的行。在循环中，迭代这些行，输出如下值。

```
Year: 1997
Make: Ford
Model: E350
Price: 3200.00

Year: 1999
Make: Chevy
Model: Venture
Price: 4800.00

Year: 1996
Make: Jeep
Model: Grand Cherokee
Price: 4900.00
```

4.1.3　二进制文件

文本文件并不是你可能需要处理的唯一文件类型。有些文件类型使用以字节序列表示的二进制格式保存数据，其中包括可执行（.exe）文件和图像（.jpeg、.bmp 等）文件。由于二进制文件的字节不能以文本形式解释，因此无法在文本模式下打开文件并且访问和操作其内容。这时可以使用 open()函数的二进制模式。

下面的示例演示如何使用二进制模式打开图像文件。在文本模式下执行此操作，代码将会将会报错。使用下面的代码读取计算机中的.jpg 文件。

```
  image = "/path/to/file.jpg"
  with open(image, ❶ "rb") as image_file:
    content = ❷ image_file.read()
❸ print(len(content))
```

通过设置第二个参数为 rb，让 open()函数以二进制模式打开一个文件❶。读取的对象与在文本模式下的对象一样，使用 read()方法获取文件的内容❷。在这里，内容作为字节对象进行检索。在本例中，简单地输出读取文件的字节数❸。

4.2 将数据导出到文件

经过一些处理后，可能需要将数据存储到文件中，以便在下次执行脚本时使用这些数据，或将其导入其他脚本或应用程序。也可能需要将信息保存到文件中，以便自己或其他人查看。例如，可能希望记录有关应用程序生成的错误和异常的信息，以供以后查看。

可以从 Python 脚本创建一个新文件并向其中写入数据，也可以在已有文件中写入数据。在这里，我们以在已有文件中写数据为例。假设需要修改 cars.csv 文件的一行，以更改某辆车的价格。在前面，我们从 cars.csv 文件把数据读入 cars 列表的字典中。要查看列表 cars 中每个字典的值，运行以下循环。

```
for row in cars:
  print(list(row.values()))
```

在循环中，对列表的每个字典调用 values()方法，从而将字典的值转换为 dict_values 对象，该对象可以轻松转换为列表。每个列表代表原始.csv 文件的一行，如下所示。

```
['1997', 'Ford', 'E350', '3200.00']
['1999', 'Chevy', 'Venture', '4800.00']
['1996', 'Jeep', 'Grand Cherokee', '4900.00']
```

假设需要更改 cars.csv 文件的第二行的 Price 字段，即更改 Chevy Venture 的价格，那么可以按以下方式进行操作。

```
❶ to_update = ['1999', 'Chevy', 'Venture']
❷ new_price = '4500.00'
❸ with open('path/to/cars.csv', 'w') as csvfile:
  ❹ fieldnames = cars[0].keys()
  ❺ writer = csv.DictWriter(csvfile, fieldnames=fieldnames)
    writer.writeheader()
  ❻ for row in cars:
      if set(to_update).issubset(set(row.values())):
        row['Price'] = new_price
      writer.writerow(row)
```

首先，需要一种方法来标识要更新的第 2 行。在这里，创建一个名为 to_update 的列表，其中包含足够多的字段来唯一标识该行❶。然后，将要更改的字段的新值指定为 new_price ❷。接下来，打开 cars.csv 文件，将 open()函数的第二个参数设置为 w❸。参数 w 表示将覆盖文件的现有内容。因此，定义要发送到文件的字段名❹，即字典的键名。

使用 csv.DictWriter()函数创建一个 writer 对象，该对象将 cars 列表中的字典映射到待发送给 cars.csv 文件的输出行❺。在遍历 cars 列表中的字典的循环中，检查每一行是否与给定的标识符匹配❻。如果匹配，则更新行的 Price 字段。最后，在循环中，使用 writer.writerow()方法将每一行写入文件。

执行上面的代码后，输出如下 cars.csv 文件。

```
Year,Make,Model,Price
1997,Ford,E350,3200.00
1999,Chevy,Venture,4500.00
1996,Jeep,Grand Cherokee,4900.00
```

可以看到，修改后的文件看起来和原本的文件很像，但第 2 行中 Price 字段的值已更改。

4.3　访问远程文件和 API

有些 Python 第三方库（包括 urllib3 和 Requests）允许我们从 URL 可访问的远程文件获取数据。另外，还可以使用这些库向 HTTP API（使用 HTTP 作为传输协议的 API）发送请求，其中许多 API 以 JSON 格式返回请求的数据。urllib3 库和 Requests 库都可以根据输入的信息自定义 HTTP 请求。

超文本传输协议（HyperText Transfer Protocol，HTTP）是构成网络数据交换基础的客户-服务器协议，其结构是一系列请求和响应。客户端发送的 HTTP 消息是请求，服务器返回的应答消息是响应。例如，每当用户单击浏览器中的链接时，浏览器作为客户端都会发送一个 HTTP 请求，以从相应的 Web 服务器获取所需的网页。用户也可以使用 Python 脚本执行同样的操作。Python 脚本作为客户端以 JSON 或 XML 文档的形式获取请求的数据。

4.3.1　HTTP 请求的工作原理

HTTP 请求有多种类型，常见的类型包括 GET、POST、PUT 和 DELETE。它们也称为 HTTP 请求方法、HTTP 命令或 HTTP 动词。任何 HTTP 请求的 HTTP 命令都定义了要对指定资源执行的操作。例如，GET 请求从资源中检索数据，而 POST 请求将数据推送到一个目的地。

HTTP 请求包括请求目标（target，通常包括 URL）和请求头（header），后者是随请求一起传递附加信息的字段。一些请求还包括请求体（body，包含实际的请求数据），如表单提交信息。POST 请求通常包括请求体，而 GET 请求不包括请求体。例如，考虑以下 HTTP 请求。

```
❶ GET ❷ /api/books?bibkeys=ISBN%3A1718500521&format=json HTTP/1.1
❸ Host: openlibrary.org
❹ User-Agent: python-requests/2.24.0
```

```
❺ Accept-Encoding: gzip, deflate
  Accept: */*
❻ Connection: keep-alive
```

此请求使用 HTTP 命令 GET ❶根据指定的 URI ❷从给定服务器（Host❸）检索数据。其余的行包括指定附加信息的其他请求头。请求头 User-Agent 标识发出请求的应用程序及其版本❹。请求头 Accept 说明客户端能够理解的内容类型❺。请求头 Connection 设置为 keep -alive ❻，指示服务器建立与客户端的持久连接，从而允许进行后续请求。

在 Python 中，用户不必完全理解 HTTP 请求的内部结构便可以发送请求和接收响应。在接下来几节中，我们将看到 Requests 库和 urllib3 库允许用户轻松、高效地操作 HTTP 请求，只需要调用适当的方法并将所需的参数传递给它即可。

在请求库的帮助下，前面的 HTTP 请求可以通过一个简单的 Python 脚本实现，如下所示。

```
import requests
PARAMS = {'bibkeys':'ISBN:1718500521', 'format':'json'}
requests.get('*******openlibrary****/api/books', params = PARAMS)
```

我们很快将详细讨论 Requests 库。现在，请注意，该库使用户不必手动设置请求头。它在后台设置默认值，只需几行代码就可以帮助用户自动生成一个格式完整的 HTTP 请求。

4.3.2　urllib3 库

urllib3 库是一个 URL 处理库，用于访问和操作可访问的 URL 资源，如 HTTP API、网站和文件。该库旨在高效地处理 HTTP 请求，使用线程安全连接池来最小化服务器端所需的资源。与下面将要讨论的 Requests 库相比，urllib3 库需要更多的手动工作，但它也让用户可以更直接地控制请求。例如，当用户需要显式解码 HTTP 响应时，这非常有用。

1. 安装 urllib3 库

由于 urllib3 库是许多流行 Python 库（如 Requests 和 pip）的依赖库，因此用户很可能已经在 Python 环境中安装了它。尝试在 Python 中载入 urllib3 库。如果出现 ModuleNotFoundError，则说明还没有安装它。使用以下命令安装 urllib3 库。

```
$ pip install urllib3
```

2. 使用 urllib3 库访问文件

在这里，以访问之前创建的文件 excerpt.txt 为例，学习如何使用 urllib3 库从 URL 可访问文件加载数据。首先，让 excerpt.txt 成为 URL 可访问文件，可以将其放入本地主机上运行的 HTTP 服务器的文档文件夹中。或者，使用以下 URL 从本书对应的 GitHub 存储库中获取。运行以下代码，必要时替换 URL。

```
import urllib3
❶ http = urllib3.PoolManager()
❷ r = http.request('GET', 'http://localhost/excerpt.txt')
for i, line in enumerate(❸ r.data.decode('utf-8').split('\n')):
  if line.strip():
❹ print("Line %i: " %(i), line.strip())
```

首先，创建一个 PoolManager 实例❶。然后，使用 PoolManager 的 request()方法向指定的 URL 发出 HTTP 请求❷。request()方法返回一个 HTTPResponse 对象。通过此对象的数据属性访问请求的数据❸。最后，输出非空行，且输出行号❹。

3. 使用 urllib3 库实现 API 请求

使用 urllib3 库向 HTTP API 发出请求。下面的示例向 News API 发出请求，它从大量新闻来源中搜索文章，找到与请求最相关的文章。与许多其他 API 一样，它要求用户在每个请求中传递一个 API 密钥。用户在相关网址中填写了一份简单的登记表后即可免费获得开发者 API 密钥，然后搜索有关 Python programming language 的文章，代码如下。

```
import json
import urllib3
http = urllib3.PoolManager()
r = http.request('GET', '********newsapi****/v2/everything? ❶ q=Python
        programming language& ❷ apiKey=your_api_key_here& ❸ pageSize=5')
❹ articles = json.loads(r.data.decode('utf-8'))
 for article in articles['articles']:
 print(article['title'])
 print(article['publishedAt'])
 print(article['url'])
 print()
```

在请求 URL 中，参数 q 设置为想要搜索的短语❶。在请求 URL 中，需要设置的另一个参数是 apiKey ❷，需要传入 API 密钥。另外，还有许多其他可选参数，例如，指定拟获得文章的新闻来源或博客的参数。在这个特定示例中，使用 pageSize 将要检索的文章数设置为 5 ❸。支持的参数的完整列表可以在 New API 网站的文档中找到。

request()返回的 HTTPResponse 对象的 data 属性是字节对象的 JSON 文档，将其解码为字符串，然后传递给 json.loads()以将其转换为字典❹。要查看此字典中数据的结构，可以将其输出。有关文章的信息可以在名为 articles 的列表中找到，该列表中的每条记录都有 title、publishedAt 和 url 字段。

使用这些信息，可以以更可读的方式输出检索到的文章列表，生成如下内容。

```
A Programming Language To Express Programming Frustration
2021-12-15T03:00:05Z
********hackaday****/2021/12/14/a-programming-language-to-express-programming-frustration/

Raise Your Business's Potential by Learning Python
2021-12-24T16:30:00Z
************entrepreneur****/article/403981

TIOBE Announces that the Programming Language of the Year Was Python
2022-01-08T19:34:00Z
*******************slashdot****/story/22/01/08/017203/tiobe-announces-that-the-programming
-language-of-the-year-was-python

Python is the TIOBE programming language of 2021 — what does this title even mean?
2022-01-04T12:28:01Z
********thenextweb****/news/python-c-tiobe-programming-language-of-the-year-title-analysis

Which programming language or compiler is faster
2021-12-18T02:15:28Z
```

该示例演示了如何通过 urllib3 库直接使用 HTTP 请求将新闻 API 集成到 Python 应用程序中。另一种选择是使用非官方 Python 客户端库，请参考 New API 网站。

4.3.3 Requests 库

Requests 库是另一个流行的 URL 处理库，它可用于方便地发送 HTTP 请求。Requests 库在后台使用 urllib3 库，使发送请求和检索数据更加容易。使用 pip 命令安装 Requests 库。

```
$ pip install requests
```

HTTP 动词使用库方法实现（如 HTTP GET 请求用 requests.get()方法实现）。下面的代码使用 Requests 库远程访问 excerpt.txt。如有必要，将 URL 替换为文件的 GitHub 链接。

```
  import requests
❶ r = requests.get('http://localhost/excerpt.txt')
  for i, line in enumerate(❷ r.text.split('\n')):
    if line.strip():
    ❸ print("Line %i: " %(i), line.strip())
```

上面的代码使用 requests.get()方法发出 HTTP GET 请求，requests.get()的参数设置为 URL❶。requests.get()方法返回一个响应对象，该对象在文本属性中包含检索到的内容❷。Requests 库会自动对检索到内容的编码方式进行合理的猜测，并进行解码，因此无须手动执行。就像在与 urllib3 库相关的示例中一样，只输出非空行，在每行的开头添加一个行号❸。

练习 4-2：通过 Requests 访问 API

与 urllib3 库一样，Requests 库可以与 HTTP API 交互。使用请求 Requests 库代替 urllib3 库，尝试重写向 News API 发送 GET 请求的代码。请注意，对于 Requests 库，不用手动向传入的 URL 添加查询参数。在 Requests 库中，将参数作为字符串字典进行传递。

4.4 将数据移入或移出数据框

pandas 库提供了一系列的 reader 方法，每个 reader 方法都旨在以特定格式或从特定类型的数据源加载数据。这些方法可以仅使用一行代码将表格数据加载到数据框中，从而使导入的数据可以立即进行进一步分析。pandas 库还提供了将数据框数据转换为其他格式（如 JSON 格式）的方法。本节探讨将数据移入或移出数据框的方法的示例。我们还将考虑 pandas-datareader 库，该库可以将各种在线来源的数据加载到 pandas 数据框中。

4.4.1 导入嵌套的 JSON 结构

由于 JSON 已经成为应用程序之间数据交换的标准，因此需要有一种快速导入 JSON 文档并将其转换为 Python 数据结构的方法。在第 3 章中，我们学习了一个使用 pandas 库的 read_JSON() 将简单的非嵌套 JSON 结构加载到数据框中的示例。在本节中，我们将学习如何加载一个具有嵌套结构的复杂 JSON 文档，如下所示。

```
data = [{"Emp":"Jeff Russell",
  "POs":[{"Pono":2608,"Total":35},
         {"Pono":2617,"Total":35},
         {"Pono":2620,"Total":139}
  ]},
  {"Emp":"Jane Boorman",
  "POs":[{"Pono":2621,"Total":95},
         {"Pono":2626,"Total":218}
  ]
}]
```

可以看到，JSON 文档中每个条目的第一个元素都是结构简单的键值对，键名为 Emp，第二个元素一个嵌套的结构，键名为 POs。使用 pandas 库的 reader 方法 JSON_normalize()将这个具有层级结构的 JSON 文档转换为 pandas 库的一个表状数据框，该方法将嵌套结构规范化为一个简单的表。代码如下。

```
import json
```

```
import pandas as pd
df = pd.json_normalize(❶ data, ❷ "POs", ❸ "Emp").set_index([❹ "Emp","Pono"])
print(df)
```

除 JSON_normalize()要处理的 JSON 文档❶之外，还需要指定 POs 为要规范化的嵌套数组❷，指定 Emp 为最终表中复杂索引的部分字段❸。在同一行代码中，设置 Emp 和 Pono ❹两列作为索引。因此，你将看到如下数据框。

```
Emp          Pono  Total
Jeff Russell 2608  35
             2617  35
             2620 139
Jane Boorman 2621  95
             2626 218
```

注意 使用两列索引简化了组内数据的聚合。

4.4.2 将数据框转换为 JSON 文档

在实践中，可能经常需要执行反向操作，将数据框转换为 JSON。以下代码将数据框转换回最初生成它的 JSON 文档。

```
❶ df = df.reset_index()
  json_doc = (❷ df.groupby(['Emp'], as_index=True)
                ❸ .apply(lambda x: x[['Pono','Total']].to_dict('records'))
                ❹ .reset_index()
                ❺ .rename(columns={0:'POs'})
                ❻ .to_json(orient='records'))
```

首先，取消数据框的两列索引，把 Emp 列和 Pono 列转化成正常的列❶。然后，使用一行复合代码将数据框转换为 JSON 文档。其中，首先，将 groupby()应用于数据框，按 Emp 列对行进行分组❷。通过 groupby()与 apply()，将 lambda 函数应用于每组的每条记录❸。在 lambda 表达式中，指定与每条 Emp 记录关联的嵌套数组行的字段列表。接着，使用 DataFrame.to_dict()方法（设置参数为 records）把列表字段转换为[{column:value}，{column:value}]这样的格式，其中每个字典表示给定员工的订单。

现在有一个带 Emp 索引的序列对象，它包含与员工关联的订单数组的列。要给该列命名（在本例中为 POs），需要将序列转换为数据框。一种简单的方法是使用 reset_index()❹。除将序列转换为数据框之外，reset_index()还将 Emp 列从索引列更改为常规列。当将数据框转换为 JSON 格式时，这非常重要。最后，使用数据框的 rename()方法设置包含嵌套数组（POs）的列的名称❺，并将修改后的数据框转换为 JSON 文档❻。

json_doc 的内容如下。

```
[{"Emp": "Jeff Russell",
    "POs": [{"Pono": 2608, "Total": 35},
      {"Pono": 2617, "Total": 35},
      {"Pono": 2620, "Total": 139}
    ]},
  {"Emp": "Jane Boorman",
  "POs": [{"Pono": 2621, "Total": 95},
    {"Pono": 2626, "Total": 218}
  ]
}]
```

为了提高可读性，使用以下命令将其输出。

```
print(json.dumps(json.loads(json_doc), indent=2))
```

练习 4-3：操作复杂的 JSON 结构

在本节中，JSON 示例的每个记录的顶层都有一个简单的结构化字段（Emp）。在真实的 JSON 文档中，可能会有更多这样的字段。本例中的条目在顶层有第二个简单的字段 Emp_email。

```
data = [{"Emp":"Jeff Russell",
  "Emp_email":"jeff.russell",
  "POs":[{"Pono":2608,"Total":35},
         {"Pono":2617,"Total":35},
         {"Pono":2620,"Total":139}
  ]},
  {"Emp":"Jane Boorman",
  "Emp_email":"jane.boorman",
  "POs":[{"Pono":2621,"Total":95},
         {"Pono":2626,"Total":218}
   ]
}]
```

只有将所有顶层简单的结构化字段的列表传递给 json_normalize()的第三个参数，才能将此数据加载到数据框中，如下所示。

```
df = pd.json_normalize(data, "POs", ["Emp","Emp_email"]).set_index(["Emp","Emp_email","Pono"])
```

数据框的内容如下。

```
Emp          Emp_email     Pono  Total
Jeff Russell jeff.russell  2608     35
                           2617     35
                           2620    139
```

```
Jane Boorman jane.boorman 2621      95
                          2626     218
```

请尝试修改本节的 groupby 操作以将此数据框转换回初始 JSON 文档。

4.4.3 使用 pandas-datareader 库将在线数据加载到数据框中

Quandl 和 Stooq 等第三方库提供了与 pandas 库兼容的 reader 方法，用于访问各种在线数据。最受欢迎的是 pandas-datareader 库。在撰写本书时，这个库包括 70 个方法，每个方法都用于将来自某种数据源的数据加载到数据框中。该库的许多方法是金融 API 的包装器，可以让用户轻松获取 pandas 格式的金融数据。

1. 安装 pandas-datareader 库

输入以下命令以安装 datareader 库。

```
$ pip install pandas-datareader
```

要了解 pandas-datareader 库的 reader 方法的描述，请参阅 pandasdatareader 文档。另外，还可以使用 Python 的 dir()函数输出可用方法的列表。

```
import pandas_datareader.data as pdr
print(dir(pdr))
```

2. 从 Stooq 网站获取数据

在下面的示例中，使用 get_data_stooq()方法获取指定时段的标准普尔 500 指数。

```
import pandas_datareader.data as pdr
spx_index = pdr.get_data_stooq('^SPX', '2022-01-03', '2022-01-10')
print(spx_index)
```

get_data_stooq()方法从 Stooq 网站获取数据。Stooq 网站是一个免费网站，提供许多市场指数的信息。作为第一个参数输入想要的市场指数的股票代码。要了解可用选项，请访问 Stooq 网站。

获得的标准普尔 500 指数通常如下所示。

```
Date          Open    High     Low   Close     Volume
2022-01-10 4655.34 4673.02 4582.24 4670.29 2668776356
2022-01-07 4697.66 4707.95 4662.74 4677.03 2414328227
2022-01-06 4693.39 4725.01 4671.26 4696.05 2389339330
2022-01-05 4787.99 4797.70 4699.44 4700.58 2810603586
2022-01-04 4804.51 4818.62 4774.27 4793.54 2841121018
2022-01-03 4778.14 4796.64 4758.17 4796.56 2241373299
```

默认情况下，Date 列被设置为数据框的索引列。

4.5 总结

在本章中，我们学习了如何从不同的来源获取数据，并将其放入 Python 脚本中以进行进一步处理。特别地，我们了解了如何使用 Python 的内置函数从文件导入数据，如何从 Python 脚本向在线 API 发送 HTTP 请求，以及如何利用 pandas 库的 reader 方法从各种来源获取不同形式的数据。我们还学习了如何将数据导出到文件，以及如何将数据框数据转换为 JSON 文档。

第5章

使用数据库

数据库是可以轻松访问、管理和更新数据的有组织的数据集合。即使在项目的初始架构中没有使用数据库，应用程序的数据也可能在某个时刻用到数据库。

本章将延续第4章中关于将数据导入Python应用程序的讨论，介绍如何使用数据库的数据。本章的示例将展示如何访问和操作存储在不同类型的数据库中的数据，其中包括将SQL作为处理数据的主要工具的数据库和不使用SQL的数据库。我们将探索如何使用Python与各种流行的数据库（其中包括MySQL、Regis和MongoDB）进行交互。

使用数据库有很多好处。第一，在数据库的帮助下，用户可以在脚本调用之间保存数据，并在不同的应用程序之间高效地共享数据。第二，数据库语言可以帮助用户系统地组织和回答与数据有关的问题。第三，许多数据库系统允许用户在数据库中实现编程，这可以提高应用程序的性能、模块化程度和可重用性。例如，用户可以在数据库中存储触发器（trigger），触发器是一段代码，每当某个事件发生（如每次将新行插入特定表中）时，应用程序都会自动调用该代码。

数据库可以分成两类——关系数据库和非关系（NoSQL）数据库。关系数据库有保存数据的严格结构。这种方法有助于确保数据的完整性、一致性和总体准确性。然而，关系数据库的主要缺点是，随着数据量的增加，它们不能很好地扩展。相反，NoSQL数据库不会对存储的数据结构施加限制，因此具有更大的灵活性、更强的适应性和更高的可扩展性。本章将介绍如何在关系数据库与非关系数据库中存储和检索数据。

5.1 关系数据库

关系数据库也称为行和列数据库，是较常见的数据库类型。关系数据库提供了一种结构化的数据存储方式。就像Amazon的书籍列表有一套存储信息的结构一样，其中包括书名、作者、描述、评分等字段，存储在关系数据库中的数据必须符合预定义的规范模式。使用关系数据库从设计模式（定义一组表，每个表由一组字段或列组成，并指定每个字段将存储的数据类型）开始。另外，还可以在表之间建立关系。然后，将数据存储到数据库中，从数据库中检索数据，或者根据需要更新数据。

关系数据库的设计允许其高效地插入、更新或删除结构化数据。很多应用程序可以充分利用这种类型的数据库。尤其是，关系数据库非常适合在线事务处理（OnLine Transaction Processing，OLTP）应用程序，这些应用程序为大量用户处理大量事务。

常见的关系数据库系统有MySQL、MariaDB和PostgreSQL。本节将重点介绍MySQL，讨论与数据库的交互方式。MySQL是世界上最流行的开源数据库之一。你将学习如何设置MySQL、创建新数据库、定义其结构以及编写Python脚本来存储和检索数据库中的数据。

5.1.1　了解SQL语句

SQL（Structured Query Language）是与关系数据库交互的主要工具。虽然这里的重点是使用Python与数据库进行交互，但是Python代码本身必须包含SQL语句才能做到这一点。对SQL的详细介绍超出了本书的范围，但对这种查询语言进行简要介绍仍然是必要的。

SQL语句是由MySQL之类的数据库引擎识别和执行的文本命令。例如，下面的SQL语句从数据库中名为orders的表中检索字段status为Shipped的行。

```
SELECT * FROM orders WHERE status = 'Shipped';
```

SQL语句通常包含3个主要部分——要执行的操作、该操作的目标和缩小操作范围的条件。在上面的示例中，SELECT是SQL操作，表示正在访问数据库的行；orders表是操作的目标，由FROM定义；条件在WHERE语句中指定。所有SQL语句都必须具有操作和目标，但条件是可选的。例如，下面的语句没有条件，表示从orders表中检索所有行。

```
SELECT * FROM orders;
```

另外，还可以改进SQL语句，使其仅涉及表的某些列。以下语句仅检索orders表中所有行的pono列和date列。

```
SELECT pono, date FROM orders;
```

按照惯例，SQL的保留词（如SELECT和FROM）的所有字母都是大写的。然而，SQL是一种不区分大小写的语言，因此这种大写并不是绝对必要的。每条SQL语句都应以分号结尾。

上面介绍的SELECT操作是数据操作语言（Data Manipulation Language，DML）语句的示

例，DML 是一类用于访问和操作数据库数据的 SQL 语句。其他 DML 操作包括 INSERT、UPDATE 和 DELETE，它们分别用于从数据库中添加、更改和删除记录。数据定义语言（Data Definition Language，DDL）语句是另一种常见的 SQL 语句。用户可以使用 DDL 语句定义数据库结构。典型的 DDL 操作包括 CREATE、ALTER 和 DROP，分别用于创建、修改和删除数据容器，数据容器包括列、表格和整个数据库。

5.1.2 MySQL 入门

MySQL 可用于大多数现代计算机操作系统，包括 Linux 操作系统、UNIX 操作系统、Windows 操作系统和 macOS。MySQL 有免费版和商业版。在本章中，用户可以使用 MySQL 社区版，这是 MySQL 的免费下载版本。有关不同计算机操作系统下 MySQL 的详细安装说明，请参阅 MySQL Documentation 网站上最新版本的参考手册。

安装 MySQL 后，需要使用指定的命令启动 MySQL 服务器。然后，使用 MySQL 客户端程序从系统终端连接到 MySQL 服务器。

```
$ mysql -uroot -p
```

注意 在 macOS 上，可能需要使用 MySQL 的整个路径，如/usr/local/MySQL/bin/mysql -uroot -p。

输入 MySQL 服务器安装过程中设置的密码。之后，将看到 MySQL 提示。

```
mysql>
```

如果愿意，使用以下 SQL 命令为 root 用户设置新密码。

```
ALTER USER 'root'@'localhost' IDENTIFIED BY 'your_new_pswd';
```

现在，创建应用程序所需的数据库。在 mysql>提示符后面输入以下命令。

```
CREATE DATABASE sampledb;
Query OK, 1 row affected (0.01 sec)
```

这将创建一个名为 sampledb 的数据库。接下来，选择要使用的数据库。

```
USE sampledb;
Database changed
```

现在，任何后续命令都将应用于 sampledb 数据库。

5.1.3 定义数据库结构

关系数据库从其中的表以及这些表的相互连接中获得结构。连接不同表的字段称为键。键有两种类型——主键和外键。主键唯一标识一个表中的记录。外键是另一个表中的字段，对应第一个表中的主键。通常，主键及其对应的外键在两个表中共享相同的名称。

注意 字段和列这两个术语经常互换使用。严格地说，当在一行中引用列时，它就变成了字段。

既然已经创建了 sampledb 数据库，就可以创建一些表并定义它们的结构了。出于演示的目的，这些表的结构将与第 3 章中使用的一些 pandas 数据框的结构相同。下面在数据库中创建 3 个表数据结构。

```
emps

empno  empname          job
----------------------------
9001   Jeff Russell    sales
9002   Jane Boorman    sales
9003   Tom Heints      sales

salary

empno     salary
----------------
9001        3000
9002        2800
9003        2500

orders

pono   empno  total
-------------------
2608   9001   35
2617   9001   35
2620   9001   139
2621   9002   95
2626   9002   218
```

emps 表的行和 salary 表的行是一对一对应的，可以通过 empno 字段建立关系。emps 表和 orders 表也通过 empno 字段进行关联。这是一种一对多关系。

在 mysql>提示符后面使用 SQL 命令将这些数据结构添加到关系数据库中。首先，创建 emps 表。

```
CREATE TABLE emps (
empno INT NOT NULL,
empname VARCHAR(50),
job VARCHAR(30),
```

```
PRIMARY KEY (empno)
);
```

使用 CREATE TABLE 命令创建表，指定列名和存储类型，以及可以存储在其中的数据的大小（可选）。例如，empno 列存储整数（INT 类型），应用于该列的 NOT NULL 约束确保用户不能插入 empno 字段为空值的行。empname 列可以容纳最多 50 个字符的字符串（VARCHAR 类型），而 job 列可以容纳最多 30 个字符的字符串。指定 empno 列是表中的主键列，这意味着 empno 列在表中不应该有重复项。

成功执行以上命令后，将看到以下消息。

```
Query OK, 0 rows affected (0.03 sec)
```

类似地，下面的代码创建了 salary 表。

```
CREATE TABLE salary (
empno INT NOT NULL,
salary INT,
PRIMARY KEY (empno)
);

Query OK, 0 rows affected (0.05 sec)
```

接下来，引用 emps 表的 empno 列，向 salary 表的 empno 列中添加一个外键约束。

```
ALTER TABLE salary ADD FOREIGN KEY (empno) REFERENCES emps (empno);
```

此命令创建 salary 表和 emps 表之间的关系，规定 salary 表的员工编号必须与 emps 表的员工编号匹配。此约束保证如果 salary 表在 emps 表中没有对应的行，则无法在 salary 表中插入行。

由于 salary 表到目前为止没有行，因此 ALTER TABLE 操作不会影响任何行，这从生成的消息也可以看出。

```
Query OK, 0 rows affected (0.14 sec)
Records: 0 Duplicates: 0 Warnings: 0
```

最后，创建 orders 表。

```
CREATE TABLE orders (
pono INT NOT NULL,
empno INT NOT NULL,
total INT,
PRIMARY KEY (pono),
FOREIGN KEY (empno) REFERENCES emps (empno)
);
```

```
Query OK, 0 rows affected (0.13 sec)
```

这一次，在 CREATE TABLE 命令中添加外键约束，从而在创建表时立即定义外键。

5.1.4 将数据插入数据库中

现在可以将数据行插入新创建的表中了。虽然可以使用 mysql>提示符来完成此操作，但是这种类型的操作通常是从应用程序执行的。你将通过 MySQL Connector/Python 驱动程序使 Python 代码与数据库进行交互。通过 pip 安装 mysql-connector-python，如下所示。

```
$ pip install mysql-connector-python
```

运行以下脚本，以使用数据填充数据库表。

```
import mysql.connector

try:
❶ cnx = mysql.connector.connect(user='root', password='your_pswd',host='127.0.0.1',
                                  database='sampledb')
❷ cursor = cnx.cursor()
   # defining employee rows
❸ emps = [
    (9001, "Jeff Russell", "sales"),
    (9002, "Jane Boorman", "sales"),
    (9003, "Tom Heints", "sales")
   ]
  # defining the query
❹ query_add_emp = ("""INSERT INTO emps (empno, empname, job) VALUES (%s, %s, %s)""")
   # inserting the employee rows
   for emp in emps:
   ❺ cursor.execute(query_add_emp, emp)
   # defining and inserting salaries
   salary = [
     (9001, 3000),
     (9002, 2800),
     (9003, 2500)
   ]
   query_add_salary = ("""INSERT INTO salary (empno, salary) VALUES (%s, %s)""")
   for sal in salary:
     cursor.execute(query_add_salary, sal)
   # defining and inserting orders
   orders = [
     (2608, 9001, 35),
     (2617, 9001, 35),
     (2620, 9001, 139),
```

```
      (2621, 9002, 95),
      (2626, 9002, 218)
    ]
    query_add_order = ("""INSERT INTO orders(pono, empno, total) VALUES (%s, %s, %s)""")
    for order in orders:
      cursor.execute(query_add_order, order)
    # making the insertions permanent in the database
  ❻ cnx.commit()
❼ except mysql.connector.Error as err:
    print("Error-Code:", err.errno)
    print("Error-Message: {}".format(err.msg))
❽ finally:
    cursor.close()
    cnx.close()
```


在脚本中，首先，通过 import mysql.connector 载入 MySQL Connector/Python 驱动程序。然后，打开一个 try/except 模块，为需要在脚本中执行的任何与数据库相关的操作提供模板。在 try 模块中编写操作的代码，如果执行操作时发生错误，则执行 except 模块。

在 try 模块中，首先，建立到数据库的连接，指定用户名、密码、主机 IP 地址（在本例中为本地主机）和数据库名称❶。然后，获得与此连接相关的游标对象❷。游标对象提供语句执行的方法以及获取结果的接口。

首先，将 emps 表的行定义为元组列表❸。然后，定义执行的 SQL 语句，将这些行插入 emps 表中❹。在此 INSERT 语句中，指定要用数据填充的字段，以及%s 占位符，将这些字段映射到每个元组元素。在循环中，执行语句，用 cursor.execute()方法一次插入一行❺。类似地，将行插入 salary 表和 orders 表中。在 try 模块的末尾，使用连接的 commit()方法将所有插入数据库中的内容永久化❻。

如果任何与数据库相关的操作失败，将跳过 try 模块的其余部分，except 模块将执行❼，并输出 MySQL 服务器生成的错误代码以及相应的错误消息。

在任何情况下都执行 finally 模块❽。在这个模块中，显式关闭游标，然后关闭连接。

5.1.5 查询数据库数据

既然表中已经有数据，就可以使用 Python 代码查询这些数据了。假设要检索 emps 表中 empno 大于 9001 的所有行。要实现这一点，使用 5.1.4 节的脚本作为范本，只需要更改 try 模块，如下所示。

```
--snip--
try:
```

```
  cnx = mysql.connector.connect(user='root', password='your_pswd',
                                host='127.0.0.1',
                                database='sampledb')
  cursor = cnx.cursor()
  query = ("SELECT ❶ * FROM emps WHERE ❷ empno > %s")
❸ empno = 9001
❹ cursor.execute(query, (empno,))
❺ for (empno, empname, job) in cursor:
    print("{}, {}, {}".format(
      empno, empname, job))
--snip--
```

与插入操作不同，选择行不需要在循环中每行执行一次 cursor.execute()。在这里，编写一个查询语句，为要选择的行指定条件，然后用 cursor.execute()一次性获取所有行。

在构成查询的 SELECT 语句中，星号（*）表示希望检索到的行的所有字段❶。在 WHERE 语句中，设置拟检索的行必须满足的条件。这里，拟检索行的 empno 必须大于%s（%s 是占位符）绑定的变量的值❷。在执行期间❸，变量 empno 被占位符绑定。当使用 cursor.execute()实现查询时，将绑定变量以元组的形式作为第二个参数传入❹。即使只需要传入单个变量，execute()方法也要求以元组或字典的形式传递绑定变量。

接着，通过 cursor 对象访问检索到的行，并在循环中对其进行迭代。每一行都可以作为元组访问，元组元素表示行字段的值❺。在这里，逐行输出结果，如下所示。

```
9002, Jane Boorman, sales
9003, Tom Heints, sales
```

还可以编写 SELECT 语句，将不同表中的行连接在一起。连接关系数据库表的过程类似于连接 pandas 数据框的过程。在关系数据库中，通常使用设置数据库时定义的外键关系来连接表。

例如，假设希望连接 emps 表和 salary 表，同时设置 empno 大于 9001 的条件。通过它们共享的 empno 列实现这个目的，因为在 salary 表中将 empno 定义为引用 emps 表中 empno 的外键。通过对脚本的 try 模块进行另一次修改实现此连接。

```
--snip--
try:
  cnx = mysql.connector.connect(user='root', password='your_pswd', host='127.0.0.1',
                                database='sampledb')
  cursor = cnx.cursor()
  query = ("""SELECT ❶ e.empno, e.empname, e.job, s.salary
              FROM ❷ emps e JOIN salary s ON ❸ e.empno = s.empno
              WHERE ❹ e.empno > %s""")
```

```
  empno = 9001
  cursor.execute(query, (empno,))
  for (empno, empname, job, salary) in cursor:
    print("{}, {}, {}, {}".format(
      empno, empname, job, salary))
--snip--
```

这一次，query 的 SELECT 语句连接 emps 表和 salary 表。在 SELECT 列表中，从两个表中指定要连接的列❶。在 FROM 语句中，指定两个表，并使用 JOIN 关键字将它们连接起来，同时指定别名 e 和 s，这是区分两个表中具有相同名称的列所必需的❷。在 ON 语句中，定义连接条件，声明两个表的 empno 列中的值应匹配❸。在 WHERE 语句中，与上一个示例一样，使用 %s 占位符设置 empno 列最小的值❹。

该脚本输出以下行，每个员工的工资与 emps 表中的记录相关联。

```
9002, Jane Boorman, sales, 2800
9003, Tom Heints, sales, 2500
```

练习 5-1：实现一对多连接

修改本节的代码，要求 query 实现 emps 表与 orders 表的连接。保留 empno 大于 9001 的条件。修改函数 print()以输出连接的行。

5.1.6 使用数据库分析工具

在 MySQL 中，利用数据库内置的分析工具（如分析 SQL）显著减少在应用程序和数据库之间发送的数据量。分析 SQL 是一组额外的 SQL 命令，用于分析存储在数据库中的数据，而不是简单地存储、查询和更新数据。例如，假设只想导入股票价格在一定时期内没有比前一天的价格下跌超过 1%的公司的股票市场数据，可以使用分析 SQL 执行初步分析，从而避免将整个股票价格数据集从数据库加载到 Python 脚本中。

要了解其工作原理，可通过 yfinance 库获取股票数据，并将其存储到数据库表中。然后，从 Python 脚本中查询该表，只加载满足指定条件的股票数据。

首先，在 sampledb 数据库中创建一个表来存储股票数据。该表应该有 3 列——ticker、date 和 price。在提示符 mysql>后输入以下命令。

```
CREATE TABLE stocks(
ticker VARCHAR(10),
date VARCHAR(10),
```

```
price DECIMAL(15,2)
);
```

现在使用以下脚本获取 yfinance 库中的一些股票数据。

```
  import yfinance as yf
❶ data = []
❷ tickers = ['TSLA', 'FB', 'ORCL', 'AMZN']
  for ticker in tickers:
  ❸ tkr = yf.Ticker(ticker)
    hist = tkr.history(period='5d')
    ❹ .reset_index()
  ❺ records = hist[['Date','Close']].to_records(index=False)❻ records =
  list(records)
    records = [(ticker, ❼ str(elem[0])[:10], round(elem[1],2)) for elem in records]
  ❽ data = data + records
```

首先，定义一个名为 data 的空列表，该列表将用于存储股票数据❶。cursor.execute()方法在执行 INSERT 语句时需要列表形式的数据。接下来，定义要获取数据的股票代码列表❷。然后，在一个循环中，将 tickers 列表中的每个 ticker 传递给 yfinance 库的 Ticker()函数❸。该函数返回一个 Ticker 对象，其 history()方法将获取与相应股票相关的数据。在本例中，将获得过去 5 个工作日（period='5d'）内每只股票的数据。

history()方法以 pandas 数据框的形式返回股票数据，以 Date 列作为索引。之后，将该数据框转换为元组列表，以便插入数据库中。由于需要在数据集中包含 Date 列，因此使用数据框的 reset.index()方法将其从索引中删除，且将 Date 列转换为常规列❹。然后，从检索到的数据框中获取 Date 列和 Close 列，其中 Close 表示收盘价，并将其转换为 NumPy 数组，这是转换输入数据过程中的中间步骤❺。接下来，将数据转换为元组列表❻。之后，重新更改每个元组的格式，以便将其作为一行插入 stocks 表中。特别地，每个 Date 字段都包含大量无关信息（小时、分钟、秒等）。通过提取每个元组中字段 0 的前 10 个字符，只提取年、月和日，这是分析所需的全部内容❼。例如，2022-01-06T00:00:00.000000000 将变为 2022-01-06。最后，仍然在循环中将与 ticker 相关的元组追加到数据列表中❽。

因此，元组列表的内容可能如下所示。

```
[
 ('TSLA', '2022-01-06', 1064.7),
 ('TSLA', '2022-01-07', 1026.96),
 ('TSLA', '2022-01-10', 1058.12),
 ('TSLA', '2022-01-11', 1064.4),
 ('TSLA', '2022-01-12', 1106.22),
 ('FB', '2022-01-06', 332.46),
 ('FB', '2022-01-07', 331.79),
```

```
  ('FB', '2022-01-10', 328.07),
  ('FB', '2022-01-11', 334.37),
  ('FB', '2022-01-12', 333.26),
  ('ORCL', '2022-01-06', 86.34),
  ('ORCL', '2022-01-07', 87.51),
  ('ORCL', '2022-01-10', 89.28),
  ('ORCL', '2022-01-11', 88.48),
  ('ORCL', '2022-01-12', 88.31),
  ('AMZN', '2022-01-06', 3265.08),
  ('AMZN', '2022-01-07', 3251.08),
  ('AMZN', '2022-01-10', 3229.72),
  ('AMZN', '2022-01-11', 3307.24),
  ('AMZN', '2022-01-12', 3304.14)
]
```

5

要将此数据集作为一组行插入 stocks 表中，请将以下代码追加到上一个脚本中，然后重新执行它。

```
import mysql.connector
from mysql.connector import errorcode
try:
  cnx = mysql.connector.connect(user='root', password='your_pswd',
                                host='127.0.0.1',
                                database='sampledb')
  cursor = cnx.cursor()
  # defining the query
  query_add_stocks = ("""INSERT INTO stocks (ticker, date, price)
                      VALUES (%s, %s, %s)""")
  # adding the stock price rows
❶ cursor.executemany(query_add_stocks, data)
  cnx.commit()
except mysql.connector.Error as err:
  print("Error-Code:", err.errno)
  print("Error-Message: {}".format(err.msg))
finally:
  cursor.close()
  cnx.close()
```

代码遵循之前用于将数据插入数据库的相同范式。但是，这次使用的是 cursor.executemany() 方法，该方法可以高效地对元组列表中的每个元组多次执行 INSERT 语句❶。

现在数据库中已经有了数据，使用分析 SQL 对其进行查询，尝试回答问题。例如，为了使用数据库筛选出价格比前一天价格下跌超过 1%的股票，将需要一个查询，它可以分析同一只股票在多个交易日的价格。作为第一步，以下查询生成一个数据集，该数据集在同一行中包含当前股票价格和前一天的股票价格。在 mysql>提示符后面输入以下代码。

```
SELECT
  date,
  ticker,
  price,
  LAG(price) OVER(PARTITION BY ticker ORDER BY date) AS prev_price
FROM stocks;
```

SELECT 列表中的 LAG()函数是一个分析 SQL 函数。该函数可以让用户从当前行访问前一行的数据。OVER 语句中的 PARTITION BY 将数据集划分为多组，每组对应一个股票代码。在每组中分别应用 LAG()函数，确保前一天的股票价格不会来自其他股票。查询生成的结果如下所示。

```
+------------+--------+---------+------------+
| date       | ticker | price   | prev_price |
+------------+--------+---------+------------+
| 2022-01-06 | AMZN   | 3265.08 |       NULL |
| 2022-01-07 | AMZN   | 3251.08 |    3265.08 |
| 2022-01-10 | AMZN   | 3229.72 |    3251.08 |
| 2022-01-11 | AMZN   | 3307.24 |    3229.72 |
| 2022-01-12 | AMZN   | 3304.14 |    3307.24 |
| 2022-01-06 | FB     |  332.46 |       NULL |
| 2022-01-07 | FB     |  331.79 |     332.46 |
| 2022-01-10 | FB     |  328.07 |     331.79 |
| 2022-01-11 | FB     |  334.37 |     328.07 |
| 2022-01-12 | FB     |  333.26 |     334.37 |
| 2022-01-06 | ORCL   |   86.34 |       NULL |
| 2022-01-07 | ORCL   |   87.51 |      86.34 |
| 2022-01-10 | ORCL   |   89.28 |      87.51 |
| 2022-01-11 | ORCL   |   88.48 |      89.28 |
| 2022-01-12 | ORCL   |   88.31 |      88.48 |
| 2022-01-06 | TSLA   | 1064.70 |       NULL |
| 2022-01-07 | TSLA   | 1026.96 |    1064.70 |
| 2022-01-10 | TSLA   | 1058.12 |    1026.96 |
| 2022-01-11 | TSLA   | 1064.40 |    1058.12 |
| 2022-01-12 | TSLA   | 1106.22 |    1064.40 |
+------------+--------+---------+------------+
20 rows in set (0.00 sec)
```

查询生成了一个新列——prev_price，其中包含前一天的股票价格。可以看到，LAG()本质上可以让用户在同一行中访问原表的两行数据，这意味着用户可以在同一个数学表达式中操作两行数据。例如，将一个价格除以另一个价格来计算每天的价格变化率。考虑到这一点，下面的查询可以满足最初的要求，只选择那些在指定时间段内价格跌幅不超过前一天价格 1%的股票的行。

```
❶ SELECT s.* FROM stocks AS s
  LEFT JOIN
❷ (SELECT DISTINCT(ticker) FROM
    ❸ (SELECT
       ❹ price/LAG(price) OVER(PARTITION BY ticker ORDER BY date) AS dif,
         ticker
       FROM stocks) AS b
  ❺ WHERE dif <0.99) AS a
❻ ON a.ticker = s.ticker
❼ WHERE a.ticker IS NULL;
```

SQL 语句连接对 stocks 表发出的两个不同查询。第一个查询检索 stocks 表的所有行❶，第二个查询检索价格至少比前一天价格下跌 1% 的股票❷。第二个查询具有复杂的结构：它从子查询中选择数据，而不直接从 stocks 表中选择数据。子查询从❸开始，从表中检索 price 字段的值比前一行中字段的值至少低 1%的行。通过将 price 除以 LAG（price）❹并检查结果是否小于 0.99 来确定这一点❺。然后，在主查询的 SELECT 列表中，对 ticker 字段应用 DISTINCT()函数，以从结果集中消除重复的股票代码❷。

根据 ticker 列连接查询结果❻。在 WHERE 语句中，设置连接条件为在 a.ticker 字段（价格下跌超过 1%的股票）和 s.ticker 字段（所有股票）之间未找到对应关系❼。由于使用左连接，因此仅检索第一个查询中的匹配行。于是，最后将返回第二个查询检索不到的股票代码对应的所有行。

根据前面显示的股票数据，查询结果如下。

```
+--------+-----------+---------+
| ticker | date      | price   |
+--------+-----------+---------+
| ORCL   | 2022-01-06 |   86.34 |
| ORCL   | 2022-01-07 |   87.51 |
| ORCL   | 2022-01-10 |   89.28 |
| ORCL   | 2022-01-11 |   88.48 |
| ORCL   | 2022-01-12 |   88.31 |
| AMZN   | 2022-01-06 | 3265.08 |
| AMZN   | 2022-01-07 | 3251.08 |
| AMZN   | 2022-01-10 | 3229.72 |
| AMZN   | 2022-01-11 | 3307.24 |
| AMZN   | 2022-01-12 | 3304.14 |
+--------+-----------+--------+
10 rows in set (0.00 sec)
```

可以看到，stocks 表中的有些行没有出现在结果中。特别是，与 FB 和 TSLA 相关的行在结果中都没有出现。例如，由于在之前查询的输出中发现以下行，因此 TSLA 被排除在外。

```
+------------+--------+--------+-----------+
| date       | ticker | price  | prev_price |
+------------+--------+--------+-----------+
  ...
  2022-01-07 | TSLA   | 1026.96 |    1064.70 |
  ...
```

此行显示的股票价格下降了3.54%，超过了1%的阈值。

在以下脚本中，从Python代码中发出相同的查询，并将获取的结果转化为pandas数据框。

```
import pandas as pd
import mysql.connector
from mysql.connector import errorcode
try:
  cnx = mysql.connector.connect(user='root', password='your_pswd',
                                host='127.0.0.1',
                                database='sampledb')
  query = ("""
    SELECT s.* FROM stocks AS s
    LEFT JOIN
     (SELECT DISTINCT(ticker) FROM
       (SELECT
         price/LAG(price) OVER(PARTITION BY ticker ORDER BY date) AS dif,
         ticker
        FROM stocks) AS b
        WHERE dif <0.99) AS a
    ON a.ticker = s.ticker
    WHERE a.ticker IS NULL""")
❶ df_stocks = pd.read_sql(query, con=cnx)
❷ df_stocks = df_stocks.set_index(['ticker','date'])
except mysql.connector.Error as err:
  print("Error-Code:", err.errno)
  print("Error-Message: {}".format(err.msg))
 finally:
  cnx.close()
```

该脚本与本章前面的脚本基本相同。关键区别在于，这里将数据库中的数据直接加载到pandas数据框中。为此，使用pandas的 read_sql()方法，该方法将SQL查询作为字符串传递给第一个参数，将数据库连接对象传递给第二个参数❶。然后，将ticker列和date列设置为数据框的索引列❷。

对于前面显示的股票数据，生成的df_stocks数据框如下所示。

```
ticker date        price
ORCL   2022-01-06  86.34
```

```
        2022-01-07   87.51
        2022-01-10   89.28
        2022-01-11   88.48
        2022-01-12   88.31
AMZN    2022-01-06 3265.08
        2022-01-07 3251.08
        2022-01-10 3229.72
        2022-01-11 3307.24
        2022-01-12 3304.14
```

既然已经有了数据结构为数据框的数据，用户就可以在 Python 中进行进一步的分析。例如，用户可能希望计算某个时期内每只股票的平均价格。在第 6 章中，你将看到如何解决这些问题，例如，在数据框的组内应用适当的聚合函数。

5.2 NoSQL 数据库

NoSQL 数据库或非关系数据库不需要为存储的数据提供预先设定的组织模式，不支持标准的关系数据库操作，如连接。相反，NoSQL 数据库提供了结构更灵活的数据存储方式，使处理海量数据更容易。例如，键值存储（NoSQL 数据库的一种类型）可以以键值对（如 time-event 对）的形式存储和检索数据。面向文档的数据库是 NoSQL 数据库的另一种类型，用于灵活处理结构化数据容器，如 JSON 文档，可以将与给定对象相关的所有信息存储为数据库中的单个条目，而不像关系数据库中常见的那样将信息拆分到多个表中。

尽管 NoSQL 数据库的出现时间没有关系数据库的长，但是 NoSQL 数据库很快就变得流行起来，因为它们允许开发人员以简单、直接的格式存储数据，并且不需要很多专业知识来访问和操作数据。NoSQL 数据库的灵活性使其特别适用于实时和大数据应用程序，如 Google Gmail 或 LinkedIn。

注意 术语 NoSQL 的由来还没有达成共识，有人说它代表非 SQL（Non-SQL），而另一些人说它代表不仅仅 SQL（Not only SQL）。其实，两种说法都是有道理的：NoSQL 数据库以关系（SQL）表以外的格式存储数据，同时，NoSQL 数据库也支持 SQL 类型的查询。

5.2.1 Redis 数据库

键值存储数据库是保存键值对的数据库，类似于 Python 字典。键值存储数据库的代表是 Redis，Redis 代表远程字典服务（Remote dictionary service）。Redis 数据库支持使用 GET、SET 和 DEL 等命令访问与处理键值对，如以下示例所示。

```
$ redis-cli
127.0.0.1:6379> SET emp1 "Maya Silver"
OK
127.0.0.1:6379> GET emp1
"Maya Silver"
```

这里先使用 SET 命令创建值为 Maya Silver 的键 emp1，后使用 GET 通过键检索该值。

1. 设置 Redis 服务器

首先，安装 Redis 服务器。要了解详细信息，可以访问 Redis 官方网站。在系统中安装 Redis 服务器后，还需要安装 Python 库 redis-py，它通过 Python 代码与 Redis 服务器交互。使用 pip 命令安装 redis-py。

```
$ pip install redis
```

然后，使用命令 import redis 将 redis-py 库加载到脚本中。

2. 使用 Python 访问 Redis 服务器

以下是通过 redi- py 库从 Python 访问 Redis 服务器的简单示例。

```
  > import redis
❶ > r = redis.Redis()
❷ > r.mset({"emp1": "Maya Silver", "emp2": "John Jamison"})
  True
❸ > r.get("emp1")
  b'Maya Silver'
```

首先，使用 redis.Redis()方法设置与 Redis 服务器的连接。这里由于省略了该方法的参数，因此将采用以下默认值，假定服务器正在本地计算机上运行。

```
host='localhost', port=6379, db=0
```

注意　Redis 数据库使用基于零的索引。默认情况下，新连接使用数据库 0。

建立连接后，使用 mset()方法设置多个键值对❷（其中，m 是 multiple 的缩写）。成功存储数据后，服务器返回 True。然后，使用 get()方法获取任何已存储键的值❸。

与其他数据库一样，Redis 数据库允许持久化插入的数据，因此可以在另一个 Python 交互或脚本中通过其键获取值。Redis 数据库还允许在设置键值对时在键上设置过期标志，即设置键值对的保留时间。这在输入数据在一段时间后变得不相关的实时应用程序中尤其有用。例如，如果应用程序用于出租车服务，用户可能希望存储有关每辆出租车可用性的数据。由于此数据可能会经常更改，因此用户希望它在一定时间后过期。下面是一个简单的示例。

```
--snip--
> from datetime import timedelta
> r.setex("cab26", timedelta(minutes=1), value="in the area now")
True
```

使用 setex()方法设置键值对，该键值对将在指定的时间段后自动从数据库中删除。这里，将到期时间指定为 timedelta 对象。或者，将其设置为以秒为单位的数字。

到目前为止，我们学习了简单的键值对，但也可以使用 Redis 存储关于同一对象的多条信息，如下所示。

```
> cabDict = {"ID": "cab48", "Driver": "Dan Varsky", "Brand": "Volvo"}
> r.hmset("cab48", cabDict)
> r.hgetall("cab48")
{'Cab': 'cab48', 'Driver': 'Dan Varsky', 'Brand': 'Volvo'}
```

首先，定义一个 Python 字典，它可以包含任意数量的键值对。然后，将整个字典发送到数据库，并使用 hmset()（h 是 hash 的缩写）函数将其存储在 cab48 键下。最后，使用 hgetall()函数检索存储在 cab48 键下的所有键值对。

5.2.2 MongoDB 数据库

面向文档的数据库将每条记录存储为单独的文档，每个文档都可以有自己的结构，而不必像关系数据库表的字段那样遵循预定义的模式。这种灵活性使面向文档的数据库成为 NoSQL 数据库中最受欢迎的类别之一。在面向文档的数据库中，MongoDB 是代表。MongoDB 旨在管理类似于 JSON 的文档集合。本节将探讨如何使用 MongoDB。

1. 设置 MongoDB

有几种方法可以尝试 MongoDB。一种方式是在系统上安装 MongoDB 数据库。要了解详细信息，请参阅 MongoDB 文档。另一种使用 MongoDB 的方式是免安装的，使用 MongoDB Atlas 创建免费托管的 MongoDB 数据库。你需要在 MongoDB 网站注册。

在开始使用 Python 与 MongoDB 数据库之前，需要安装 PyMongo，这是 MongoDB 的官方 Python 驱动程序。PyMongo 可以通过 pip 命令完成。

```
$ pip install pymongo
```

2. 使用 Python 访问 MongoDB

首先，通过 PyMongo MongoClient 对象与数据库服务器建立连接，如下所示。

```
> from pymongo import MongoClient
> client = MongoClient('connection_string')
```

连接字符串（'connection_string'）可以是 MongoDB 的连接 URI，如 mongodb://localhost:27017。该连接字符串假定用户已在本地系统上安装 MongoDB。如果使用的是 MongoDB Atlas，则需要使用 Atlas 提供的连接字符串。要了解详细信息，请参阅 Atlas 文档中的 Connect Via Driver 页面。用户可能还需要查看 MongoDB 文档的 Connection String URI Format 页面。

在 MongoClient 中，也可以将主机和端口指定为 MongoClient()构造函数的参数。

```
> client = MongoClient('localhost', 27017)
```

一个 MongoDB 实例可以支持多个数据库，因此一旦建立与服务器的连接，就需要指定要使用的数据库。MongoDB 没有提供单独的命令来创建数据库，因此使用相同的语法来创建新数据库并访问现有数据库。例如，要创建名为 sampledb 的数据库（如果已经存在，则访问该数据库），使用以下类似于字典的语法。

```
> db = client['sampledb']
```

或者使用访问属性的语法。

```
> db = client.sampledb
```

与关系数据库不同，MongoDB 不把数据存储在表中，而把文档划分到集合中。创建或访问集合类似于创建或访问数据库。

```
> emps_collection = db['emps']
```

上面的代码将在 sampledb 数据库中创建 emps 集合（如果尚未创建）。然后，使用 insert_ one()方法将文档插入集合中。在本例中，插入一个格式为字典的 emp 文档。

```
> emp = {"empno": 9001,
...        "empname": "Jeff Russell",
...        "orders": [2608, 2617, 2620]}
> result = emps_collection.insert_one(emp)
```

插入文档后，会自动向其中添加一个 inserted_id 字段。此字段的值在整个集合中是唯一的。通过 insert_one()返回的对象的 inserted_id 字段查看 ID。

```
> result.inserted_id
ObjectId('69y67385ei0b650d867ef236')
```

现在数据库中已经有一些数据，那么如何查询它呢？常见的查询方式是使用 find_one()，它返回与搜索条件匹配的单个文档。

```
> emp = emps_collection.find_one({"empno": 9001})
> print(emp)
```

可以看到，find_one()不要求使用文档的 ID，该 ID 是在插入时自动添加的。在 MongoDB 中，查询特定元素。查询结果如下。

```
{
 u'empno': 9001,
 u'_id': ObjectId('69y67385ei0b650d867ef236'),
 u'empname': u'Jeff Russell',
 u'orders': [2608, 2617, 2620]
}
```


练习 5-2：插入和查询多个文档

在本节中，我们学习了如何在 MongoDB 数据库中插入或检索单个文档。继续在 sampledb 数据库的 emps 集合中插入文件，尝试使用 insert_many()方法实现批量插入，然后使用 find()方法查询多个文档。要了解使用这些方法的详细信息，请参阅 PyMongo 4.2.0 Documentation。

5.3 总结

在本章中，我们首先学习了在不同类型的数据库之间移动数据的示例，以及关系数据库 MySQL；然后学习了键值存储数据库 Redis 与当今流行的 NoSQL 数据库 MongoDB。

第6章

聚合数据

为了从数据中获得最大的决策价值，通常需要进行数据聚合。聚合是一个获取数据全局特征的过程，使数据可以使用总和、平均值或其他统计量表征。本章将探讨 pandas 库内置的聚合技术，并讨论如何使用它们分析数据。

聚合是获取大型数据集全局特征的有效方法。例如，大型零售企业可能希望根据品牌确定产品性能，或查看不同地区的销售总额；网站所有者可能希望根据访问量确定网站上最具吸引力的资源；气象学家可能需要根据每年的平均晴天数确定某一地区阳光最充足的地方。

聚合可以通过收集特定的数据并总结数据特征来回答这些问题。由于聚合基于相关的数据集来表示信息，因此它意味着首先按一个或多个属性对数据进行分组。对于大型零售商来说，这可能意味着按品牌或地区和日期对数据进行分组。

在下面的示例中，我们将学习在 pandas 数据框中实现分组并应用于每组数据的聚合函数。聚合函数基于每组数据返回一个结果。

6.1 要聚合的数据

我们将创建一组数据框（数据框中的数据是关于在线户外时尚零售商的销售数据），学习聚合是如何工作的。数据包括订单号和日期等值，每笔订单中购买的商品的详细信息（如价格和数量），完成每笔订单的员工，以及公司配送仓库的位置。在实际应用程序中，这些数据很可能存储在一个数据库中，用户可以用 Python 代码访问该数据库。为了简单起见，我们将从元组列表中将数据加载到数据框中。用户可以从本书的 GitHub 存储库下载元组列表。

我们从一些订单样本开始。orders 列表的元素是元组，每个元组表示一笔订单。每个元组有 3 个字段，它们分别表示订单号、日期和完成订单的员工 ID。

```
orders = [
 (9423517, '2022-02-04', 9001),
 (4626232, '2022-02-04', 9003),
 (9423534, '2022-02-04', 9001),
 (9423679, '2022-02-05', 9002),
 (4626377, '2022-02-05', 9003),
 (4626412, '2022-02-05', 9004),
 (9423783, '2022-02-06', 9002),
 (4626490, '2022-02-06', 9004)
]
```


导入 pandas 库，并将列表转化为数据框，如下所示。

```
import pandas as pd
df_orders = pd.DataFrame(orders, columns =['OrderNo', 'Date', 'Empno'])
```

订单详细信息存储在另一个数据容器中。在本例中，有一个名为 details 的元组列表，之后将该列表转化为另一个数据框。每个元组表示 orders 列表的一行，字段分别表示订单号、商品名称、品牌、价格和数量。

```
details = [
 (9423517, 'Jeans', 'Rip Curl', 87.0, 1),
 (9423517, 'Jacket', 'The North Face', 112.0, 1),
 (4626232, 'Socks', 'Vans', 15.0, 1),
 (4626232, 'Jeans', 'Quiksilver', 82.0, 1),
 (9423534, 'Socks', 'DC', 10.0, 2),
 (9423534, 'Socks', 'Quiksilver', 12.0, 2),
 (9423679, 'T-shirt', 'Patagonia', 35.0, 1),
 (4626377, 'Hoody', 'Animal', 44.0, 1),
 (4626377, 'Cargo Shorts', 'Animal', 38.0, 1),
 (4626412, 'Shirt', 'Volcom', 78.0, 1),
 (9423783, 'Boxer Shorts', 'Superdry', 30.0, 2),
 (9423783, 'Shorts', 'Globe', 26.0, 1),
 (4626490, 'Cargo Shorts', 'Billabong', 54.0, 1),
 (4626490, 'Sweater', 'Dickies', 56.0, 1)
]
# converting the list into a DataFrame
df_details = pd.DataFrame(details, columns =['OrderNo', 'Item', 'Brand', 'Price', 'Quantity'])
```

从另一个名为 emps 的元组列表创建第 3 个数据框，存储有关公司员工的信息，其中包含员工编号、姓名和位置。

```
emps = [
 (9001, 'Jeff Russell', 'LA'),
 (9002, 'Jane Boorman', 'San Francisco'),
 (9003, 'Tom Heints', 'NYC'),
```

```
 (9004, 'Maya Silver', 'Philadelphia')
]

df_emps = pd.DataFrame(emps, columns =['Empno', 'Empname', 'Location'])
```

最后，在一个名为 locations 的元组列表中列出每个仓库所在的城市和地区，将该元组列表转化为第 4 个数据框。

```
locations = [
 ('LA', 'West'),
 ('San Francisco', 'West'),
 ('NYC', 'East'),
 ('Philadelphia', 'East')
]

df_locations = pd.DataFrame(locations, columns =['Location', 'Region'])
```

既然已经将数据加载到数据框中，就可以通过多种方式对其进行聚合，从而回答有关业务状态的各种问题。例如，如果你希望查看不同地区的销售业绩，按日期生成小计，首先需要将相关数据合并到一个数据框中，然后对数据进行分组，并将聚合函数应用于这些组。

6.2　合并数据框

通常，我们需要从多个不同容器中收集数据，然后聚合数据。此处的示例也不例外。订单数据保存在 df_orders 和 df_details 两个数据框中。为了按地区和日期生成销售总额，需要合并哪些数据框？每个数据框应该包含哪些列？

由于需要计算销售总额，因此不仅要包含 df_details 数据框的 Price 列和 Quantity 列，还必须包含 df_orders 数据框的 Date 列和 df_locations 数据框的 Region 列。这意味着必须合并 df_orders、df_details 和 df_locations 数据框。

df_orders 和 df_details 数据框可以通过调用 pandas 库的 merge()方法直接合并，如下所示。

```
df_sales = df_orders.merge(df_details)
```

merge()方法基于 OrderNo 列合并数据框。在本例中，因为两个数据框都有 OrderNo 列，所以不用明确指定数据框合并是基于 OrderNo 列的，在默认情况下，OrderNo 列会被选中。新合并的数据框（如 df_details 数据框）为每笔订单行包含一条记录，但包含 df_orders 的相应记录信息。输出 df_sales 数据框，查看数据框合并后的结果。

```
print(df_sales)
```

df_sales 数据框的内容如下。

```
    OrderNo        Date  Empno          Item            Brand   Price  Quantity
0   9423517  2022-02-04   9001         Jeans        Rip Curl    87.0         1
1   9423517  2022-02-04   9001        Jacket  The North Face   112.0         1
2   4626232  2022-02-04   9003         Socks            Vans    15.0         1
3   4626232  2022-02-04   9003         Jeans      Quiksilver    82.0         1
4   9423534  2022-02-04   9001         Socks              DC    10.0         2
5   9423534  2022-02-04   9001         Socks      Quiksilver    12.0         2
6   9423679  2022-02-05   9002       T-shirt       Patagonia    35.0         1
7   4626377  2022-02-05   9003         Hoody          Animal    44.0         1
8   4626377  2022-02-05   9003  Cargo Shorts          Animal    38.0         1
9   4626412  2022-02-05   9004         Shirt          Volcom    78.0         1
10  9423783  2022-02-06   9002  Boxer Shorts        Superdry    30.0         2
11  9423783  2022-02-06   9002        Shorts           Globe    26.0         1
12  4626490  2022-02-06   9004  Cargo Shorts       Billabong    54.0         1
13  4626490  2022-02-06   9004       Sweater         Dickies    56.0         1
```

从 Quantity 列可以看到，单笔订单中的商品销售量可能大于 1。因此，需要将价格和销售量相乘以计算每笔订单的销售额。将价格和销售量相乘的结果存储在数据框的新字段 Total 中，如下所示。

```
df_sales['Total'] = df_sales['Price'] * df_sales['Quantity']
```

这将为数据框添加 Total 列。现在，选择删除按地区和日期计算销售额时不需要的列。在此阶段，只需要保留 Date 列、Total 列和 Empno 列。Date 列和 Total 列显然对相关计算非常重要。我们将讨论 Empno 列的必要性。

将列名列表传递给数据框的操作符[]可以得到仅保留所需列的数据框，如下所示。

```
df_sales = df_sales[['Date','Empno','Total']]
```

现在需要合并 df_regions 数据框和刚刚得到的 df_sales 数据框。然而，不能直接连接它们，因为它们没有任何共同的列。通过 df_emps 数据框合并它们，df_emps 与 df_sales 数据框有共同的列，与 df_regions 数据框有共同的列。具体来说，df_sales 和 df_emps 数据框可以通过 Empno 列合并，这也是我们在 df_sales 数据框中保留该列的原因；而 df_emps 和 df_locations 数据框通过 Location 列合并。使用 merge()方法实现这些合并操作。

```
df_sales_emps = df_sales.merge(df_emps)
df_result = df_sales_emps.merge(df_locations)
```

df_result 数据框的输出结果如下所示。

```
          Date  Empno  Total         Empname       Location Region
0   2022-02-04   9001   87.0    Jeff Russell             LA   West
1   2022-02-04   9001  112.0    Jeff Russell             LA   West
2   2022-02-04   9001   20.0    Jeff Russell             LA   West
3   2022-02-04   9001   24.0    Jeff Russell             LA   West
4   2022-02-04   9003   15.0     Tom Heints             NYC   East
5   2022-02-04   9003   82.0     Tom Heints             NYC   East
6   2022-02-05   9003   44.0     Tom Heints             NYC   East
7   2022-02-05   9003   38.0     Tom Heints             NYC   East
8   2022-02-05   9002   35.0    Jane Boorman  San Francisco   West
9   2022-02-06   9002   60.0    Jane Boorman  San Francisco   West
10  2022-02-06   9002   26.0    Jane Boorman  San Francisco   West
11  2022-02-05   9004   78.0     Maya Silver   Philadelphia   East
12  2022-02-06   9004   54.0     Maya Silver   Philadelphia   East
13  2022-02-06   9004   56.0     Maya Silver   Philadelphia   East
```

同样，用户可能希望删除不必要的列，只保留实际需要的列。这一次，去掉 Empno 列、Empname 列和 Location 列，只留下 Date 列、Region 列和 Total 列。

```
df_result = df_result[['Date','Region','Total']]
```

现在 df_result 数据框的内容如下。

```
          Date Region  Total
0   2022-02-04   West   87.0
1   2022-02-04   West  112.0
2   2022-02-04   West   20.0
3   2022-02-04   West   24.0
4   2022-02-04   East   15.0
5   2022-02-04   East   82.0
6   2022-02-05   East   44.0
7   2022-02-05   East   38.0
8   2022-02-05   West   35.0
9   2022-02-06   West   60.0
10  2022-02-06   West   26.0
11  2022-02-05   East   78.0
12  2022-02-06   East   54.0
13  2022-02-06   East   56.0
```

经过上述一系列处理，现在 df_result 数据框的格式已经适合按地区和日期聚合销售数据了。

6.3 分组和聚合数据

要对数据执行聚合计算，首先须将订单分到相应组中。Pandas 库的 groupby()函数可以将数据框的数据根据一列或多列拆分为多组。在这里的示例中，使用 groupby()按日期和地区对 df_result

数据框进行分组，然后对每组应用 sum()函数。用户可以在一行代码中执行这两个操作。

```
df_date_region = df_result.groupby(['Date','Region']).sum()
```

第一个分组基于 Date 列。然后，在每个日期内，根据 Region 列分组。groupby()函数的作用是返回一个对象，然后对其应用 sum()函数。sum()函数可以计算数据类型为数值的列的和。在本例中，sum()函数仅作用于 Total 列，因为 df_result 数据框中只有 Total 列包含数值型数据。如果数据框有其他数值型列，则 Sum()函数也将应用于这些列。得到的数据框如下。


```
Date       Region  Total
2022-02-04 East     97.0
           West    243.0
2022-02-05 East    160.0
           West     35.0
2022-02-06 East    110.0
           West     86.0
```

Date 列和 Region 列都是新数据框的索引列。它们一起构成一个层次索引（hierarchical index），也称为多级索引（multilevel index）或多索引（multiIndex）。

通过使用多列唯一标识每一行，多索引可以让数据框以 2D 结构处理具有任意数量维度的数据。在本例中，df_date_region 数据框可以看作一个 3D 数据集，3 条轴分别表示日期、地区和销售额（每条轴代表相应的维度），如表 6-1 所示。

表 6-1 df_date_region 数据框的 3 条轴

轴	坐标
Date	2022-02-04, 2022-02-05, 2022-02-06
Region	West, East
Aggregation	Total

注意 在这里，坐标是给定轴的可能值。

数据框的多索引使我们能够编写查询来导航数据框的维度，按日期、地区或两者访问总计值。我们将能够唯一地标识数据框的每一行，并访问不同数据组中选定的值。

6.3.1 按多索引查看特定值

查看数据框中特定类别的信息是常见的需求。例如，对于刚刚创建的 df_date_region 数据框，用户可能需要仅获取某个日期的销售额，或者同时获取某个特定地区和某个日期的销售额。用户可以使用数据框的索引（或多索引）来查找所需的值。

为了学习多索引的工作原理，了解每个多索引值在 Python 中的表示方式将会有所帮助。使用 df_date_region 数据框的 index 属性执行以下操作。

```
print(df_date_region.index)
```

无论该数据框具有简单索引还是多索引，index 属性都返回数据框的所有索引值或行标签。以下是 df_date_region 数据框的多索引。

```
MultiIndex([('2022-02-04', 'East'),
            ('2022-02-04', 'West'),
            ('2022-02-05', 'East'),
            ('2022-02-05', 'West'),
            ('2022-02-06', 'East'),
            ('2022-02-06', 'West')],
           names=['Date', 'Region'])
```

可以看到，每个多索引值都是一个元组，用于访问 Total 字段的相应销售额。基于这一点，以下代码用于访问特定日期和地区的销售额。

```
df_date_region❶ [df_date_region.index.isin(❷ [('2022-02-05', 'West')])]
```

上面的代码将表示所需多索引的元组放置在操作符[]中❷，然后将其传递给 pandas 库的 index.isin()方法。该方法要求传递的参数是可迭代的列表、元组、序列、数据框或字典，这就是要将所需的多索引放在方括号中的原因。该方法返回一个布尔数组，表示数据框的每个索引值的数据是否与指定的索引值匹配。匹配项表示为 True，不匹配项表示为 False。在本例中，isin()方法生成数组[False，False，False，True，False，False]，这意味着第 4 个索引值是匹配的。

然后，将布尔数组传到 df_date_region 数据框的运算符[]中❶，从而选择相应的销售额，如下所示。

```
Date       Region  Total
2022-02-05 West     35.0
```

不仅可以在数据框中检索一行，还可以向 index.isin()传递多个索引值以获取一组相应的销售额，如下所示。

```
df_date_region[df_date_region.index.isin([('2022-02-05', 'East'), ('2022-02-05', 'West')])]
```

这将从 df_date_region 数据框检索以下两行。

```
Date       Region Total
2022-02-05 East   160.0
           West    35.0
```

虽然这个特定的示例使用了两个相邻的索引，但是实际上可以将任何索引传递到索引中。将索引以任意顺序传递给 index.isin()方法，如下所示。

```
df_date_region[df_date_region.index.isin([('2022-02-06', 'East'),
              ('2022-02-04', 'East'), ('2022-02-05', 'West')])]
```

检索到的行如下。

```
Date        Region  Total
2022-02-04 East     97.0
2022-02-05 West     35.0
2022-02-06 East    110.0
```

请注意，检索到的记录的顺序与数据框的记录的顺序相匹配，而不与指定索引的顺序相匹配。

6.3.2 通过切片获得一系列值

正如可以使用切片从列表中获取一系列值一样，也可以使用切片从数据框中获取一系列值。用户可以在 df_date_region 数据框中执行此操作，方法是提供两个元组，指定多索引切片范围的开始位置和结束位置。以下示例获取所有地区 2022-02-04 至 2022-02-05 的值。将开始和结束多索引键放在方括号中，用冒号分隔。

```
df_date_region[('2022-02-04', 'East'):('2022-02-05', 'West')]
```

获得的数据框如下。

```
Date        Region Total
2022-02-04 East     97.0
           West    243.0
2022-02-05 East    160.0
           West     35.0
```

由于本例中获取的是指定日期范围内所有地区的销售额，因此可以省去地区名称，只传递日期。

```
df_date_region['2022-02-04':'2022-02-05']
```

我们将获得与前面的示例完全相同的结果。

6.3.3 多索引多层次切片

用户可能希望在多索引的不同层次进行切片。在本例中，最高层次是 Date 层次，Date 层次包括 Region 层次。假设用户需要获取特定日期范围内所有地区级别的销售额，那么可以同时使用 Python 的 slice()函数与数据框的 loc 属性，如下所示。

```
df_date_region.loc[(slice('2022-02-05', '2022-02-06'), slice(None)), :]
```

这里使用两次 slice()。在第一次中，slice()定义日期的切片范围（高层次），生成指定开始日期和结束日期的切片对象。第二次调用 slice()时，对 Region 层次（低层次）执行此操作。通过指定 None，选择 Region 层次的所有内容。在 loc 属性的运算符[]中，还包括逗号，后跟冒号（:），这表示使用的是行标签而不是列标签，结果如下。

```
Date       Region Total
2022-02-05 East   160.0
           West    35.0
2022-02-06 East   110.0
           West    86.0
```

在下一个示例中，将 slice(None)替换为 slice('East')，从而将检索到的销售额数据减少到仅包含 East 的行，这些行来自指定的日期范围。

```
df_date_region.loc[(slice('2022-02-05', '2022-02-06'), slice('East')), :]
```

这将检索以下行。

```
Date       Region Total
2022-02-05 East   160.0
2022-02-06 East   110.0
```

也可以指定 Region 层次的范围，而不是单个值，就像指定 Date 层次的范围一样。然而，在本例中，该范围只能以'East'开始，以'West'结束，调用 slice('East','West')。因为这可能是最大的范围，所以调用 slice('East','West')等同于调用 slice(None)。

6.3.4　添加总计

对于销售数据，用户可能还想要计算总销售额，并将其添加到数据框中。在这里的示例中，因为所有时间和地区的销售额都在 df_date_region 数据框中，所以直接使用 pandas 库的 sum()函数计算所有地区和所有日期的总销售额。sum()函数可以计算指定轴的值的和，如下所示。

```
ps = df_date_region.sum(axis = 0)
print(ps)
```

这里，sum()计算 df_date_region 数据框的 Total 列的和，返回一个 pandas 序列。这里没有必要在 sum()的调用中指定 Total 列，因为它会自动应用于任何数值数据。ps 序列的内容如下。

```
Total    731.0
dtype: float64
```

要将新创建的序列追加到 df_date_region 数据框中，首先必须为其命名。此名称将用作数据框中表示总销售额的行的索引。由于 df_date_region 数据框的索引是元组，因此序列名称也应该是一个元组。

```
ps.name=('All','All')
```

元组中的第一个 All 与索引键的 Date 元素对应，第二个 All 与索引键的 Region 元素对应。现在，将序列追加到数据框中。

```
df_date_region_total = df_date_region.append(ps)
```

输出新创建的数据框，其内容如下所示。

```
Date       Region Total
2022-02-04 East    97.0
           West   243.0
2022-02-05 East   160.0
           West    35.0
2022-02-06 East   110.0
           West    86.0
All        All    731.0
```

用户可以通过索引访问表示总销售额的行，就像访问数据框的任何其他行一样。这里，将表示行索引的元组传递给 index.isin()方法。

```
df_date_region_total[df_date_region_total.index.isin([('All', 'All')])]
```

获取的结果如下。

```
Date Region      Total
All  All         731.0
```

6.3.5　添加小计

除总计之外，用户可能还希望将每个日期的小计添加到数据框中，以便生成如下数据框。

```
Date       Region Total
2022-02-04 East    97.0
           West   243.0
           All    340.0
2022-02-05 East   160.0
           West    35.0
           All    195.0
2022-02-06 East   110.0
           West    86.0
           All    196.0
All        All    731.0
```

生成上面的数据框需要几个步骤。首先，根据索引日期对数据框进行分组。其次，迭代 GroupBy 对象，访问每个日期对应的行，包括日期对应的地区和销售额信息。最后，把每个日期对应的行以及该日期对应的总销售额添加到一个空的数据框中。代码如下。

```
❶ df_totals = pd.DataFrame()
  for date, date_df in ❷ df_date_region.groupby(level=0):
  ❸ df_totals = df_totals.append(date_df)
  ❹ ps = date_df.sum(axis = 0)
  ❺ ps.name=(date,'All')
  ❻ df_totals = df_totals.append(ps)
```

首先，创建空数据框 df_totals，用来保存最终数据❶。然后，创建一个 GroupBy 对象❷，将 df_date_region 数据框按其索引（即 Date 列，level=0）分组，并在 GroupBy 对象上使用一个 for 循环。每次迭代都会得到一个日期及其相应的行，将相应的行追加到 df_totals 数据框中❸，然后，计算每个日期对应的行的销售额，得到一个序列❹。接下来，将序列命名为相关日期和 All❺，并将序列追加到 df_totals 数据框中❻。

最后，将 df_date_region_total 数据框的最后一行追加到 df_totals 数据框中，如下所示。

```
df_totals = df_totals.append(df_date_region_total.loc[('All','All')])
```

因此，得到的数据框既有每个日期的总销售额，也有所有日期的总销售额。

练习 6-1：从数据框中排除总计行

在数据框中包含总计行允许用户将其用作报告，而无须添加更多步骤。然而，如果要在进一步的聚合操作中使用数据框，可能需要排除总计行。

尝试使用本章讨论的切片技术排除 df_totals 数据框的总计行和小计行。

6.4　选择组中的所有行

除有助于聚合之外，groupby()函数还可以帮助用户选择属于某组的所有行。为此，groupby()返回的对象提供了 get_group()方法。代码如下。

```
group = df_result.groupby(['Date','Region'])
group.get_group(('2022-02-04','West'))
```

首先，像之前所做的那样，将列名作为列表传递给 groupby()函数，按日期和地区对 df_result 数据框进行分组。然后，对生成的 GroupBy 对象调用 get_group()方法，传递一个包含所需索引的元组。这将返回以下数据框。

```
         Date Region  Total
0 2022-02-04    West   87.0
1 2022-02-04    West  112.0
2 2022-02-04    West   20.0
3 2022-02-04    West   24.0
```

可以看到，获取的结果不是聚合结果，而是包括与指定日期和地区相关的所有订单行。

6.5 总结

在本章中，我们学习了聚合，它是收集数据并以概括性统计量表示数据的过程。通常，聚合过程涉及将数据拆分为多组，然后计算每组的概括性统计量。本章的示例展示了如何使用数据框的方法/函数和属性聚合 pandas 数据框中的数据。我们不仅学习了如何利用数据框的层次索引或多索引在数据中建立多级关系，还学习了如何使用多索引有选择地查看和切片聚合数据。

第 7 章

合并数据

在现实中，数据常常保存到多个容器中。因此，我们需要将不同数据集合并为一个。在前几章中，我们已经学习了一些合并操作，在本章中，我们将更深入地研究合并数据集的技术。

在某些情况下，合并数据集可能只是将一个数据集添加到另一个数据集的末尾。例如，财务分析师每周可能会收到新的股票数据，并将这些数据添加到现有的股票数据集合中。其他时候，用户可能需要更有选择性地合并拥有共同列的数据集。在第 6 章的示例中，零售商可能希望将有关在线订单的笼统数据与有关订购项目的特定详细信息合并。在任何一种情况下，一旦合并了数据，就可以使用它进行进一步的分析。例如，对合并的数据集进行一系列筛选、分组或聚合操作。

Python 的数据集可以是内置数据结构的形式，如列表、元组和字典，也可以是第三方数据结构，如 NumPy 数组、pandas 数据框。对于后一种情况，用户有一套更丰富的工具，有更多选项用于合并数据。然而，这并不意味着用户不能够有效地合并 Python 数据结构。本章将展示如何合并 Python 数据结构，以及如何合并第三方数据结构。

7.1 合并 Python 数据结构

合并 Python 数据结构的语法比较简单。在本节中，我们将学习使用运算符“+”合并列表或者元组，学习使用运算符“**”合并字典。本节还将探索如何对元组列表（本质上将元组视为数据库表，每个元组表示一行）实现连接、聚合和其他操作。

7.1.1 使用“+”合并列表和元组

合并两个或多个列表或元组的简单方法是使用运算符“+”。用户只需要编写一条语句，将列表或元组连接在一起。当只把多个列表或元组的元素放入一个新结构中而不更改元素本身时，该方法简单且速度快。这个过程通常称为连接。

我们将使用在线零售商的示例进行演示。假设一个列表包含一天的订单信息，每天都有一个列表。可能有如下 3 个列表。

```
orders_2022_02_04 = [
 (9423517, '2022-02-04', 9001),
 (4626232, '2022-02-04', 9003),
 (9423534, '2022-02-04', 9001)
]
orders_2022_02_05 = [
 (9423679, '2022-02-05', 9002),
 (4626377, '2022-02-05', 9003),
 (4626412, '2022-02-05', 9004)
]
orders_2022_02_06 = [
 (9423783, '2022-02-06', 9002),
 (4626490, '2022-02-06', 9004)
]
```

为了进一步分析，可能需要将这些列表合并为一个列表。运算符“+”可用于实现这个目标，将 3 个列表连接到一起。

```
orders = orders_2022_02_04 + orders_2022_02_05 + orders_2022_02_06
```

生成的 orders 列表如下所示。

```
[
 (9423517, '2022-02-04', 9001),
 (4626232, '2022-02-04', 9003),
 (9423534, '2022-02-04', 9001),
 (9423679, '2022-02-05', 9002),
 (4626377, '2022-02-05', 9003),
 (4626412, '2022-02-05', 9004),
 (9423783, '2022-02-06', 9002),
 (4626490, '2022-02-06', 9004)
]
```

可以看到，3 个原始列表的元素现在都包含在一个列表中，它们的顺序由连接语句的顺序决定。在这个特定的示例中，合并的列表元素都是元组。然而，运算符“+”可以用于连接元素为任何类型的列表。因此，使用运算符“+”可以同样轻松地合并整数、字符串、字典或其他任何类型的列表。

也可以使用“+”运算符合并多个元组。然而，如果尝试使用“+”合并字典，则会出现错误提示“unsupported operand type(s)”。

7.1.2　使用“**”合并字典

使用运算符“**”可以将字典分解为单个键值对。要合并两个字典，先使用运算符“**”分别分解两个字典，然后将结果存储在新字典中。即使其中一个或两个字典都具有层次结构，这种方法也能起作用。在在线零售商的示例中，考虑以下字典，其中包含与订单相关的一些附加字段。

```
extra_fields_9423517 = {
  'ShippingInstructions' : { 'name' : 'John Silver',
                             'Phone' : [{ 'type' : 'Office', 'number' : '809-123-9309' },
                                         { 'type' : 'Mobile', 'number' : '417-123-4567' }
                                        ]}
}
```

由于键名的意义明确，因此字典的嵌套结构非常清晰。事实上，在使用分层数据结构时，通过键而不是位置访问数据的方式使字典比列表更好用。

现在，对于同一个订单，假设另一个字典中有其他字段。

```
order_9423517 = {'OrderNo':9423517, 'Date':'2022-02-04', 'Empno':9001}
```

为了将两个字典连接成一个字典，该字典包含两个原始字典的所有键值对，使用“**”运算符，如下所示。

```
order_9423517 = {**order_9423517, **extra_fields_9423517}
```

将要连接的字典放在花括号内，在每个字典前面加“**”。使用运算符“**”将两个字典分解为它们的键值对，然后使用花括号将它们重新打包为一个字典。现在 order_9423517 如下所示。

```
{
 'OrderNo': 9423517,
 'Date': '2022-02-04',
 'Empno': 9001,
 'ShippingInstructions': {'name': 'John Silver',
                          'Phone': [{'type': 'Office', 'number': '809-123-9309'},
                                    {'type': 'Mobile', 'number': '417-123-4567'}
                                   ]}
}
```

可以看到，原始字典的所有元素都包含在新字典中，它们的层次结构得到了保留。

7.1.3　合并两个结构的对应行

当无须更改列表元素时，我们已经知道如何将多个列表合并为一个列表。实际上，用户还常常需要将共享同一列的两个或多个数据结构连接为一个结构，即将这些数据结构的相应行组合到一行中。如果数据结构是 pandas 数据框，可以使用 join()和 merge()方法。然而，如果数据结构是包含元组中“行”的列表，则这些方法不可用。这时需要遍历列表并分别连接每一行。

为了说明这一点，将 orders 列表与 details 列表连接起来。下面是 details 列表的内容。


```
details = [
 (9423517, 'Jeans', 'Rip Curl', 87.0, 1),
 (9423517, 'Jacket', 'The North Face', 112.0, 1),
 (4626232, 'Socks', 'Vans', 15.0, 1),
 (4626232, 'Jeans', 'Quiksilver', 82.0, 1),
 (9423534, 'Socks', 'DC', 10.0, 2),
 (9423534, 'Socks', 'Quiksilver', 12.0, 2),
 (9423679, 'T-shirt', 'Patagonia', 35.0, 1),
 (4626377, 'Hoody', 'Animal', 44.0, 1),
 (4626377, 'Cargo Shorts', 'Animal', 38.0, 1),
 (4626412, 'Shirt', 'Volcom', 78.0, 1),
 (9423783, 'Boxer Shorts', 'Superdry', 30.0, 2),
 (9423783, 'Shorts', 'Globe', 26.0, 1),
 (4626490, 'Cargo Shorts', 'Billabong', 54.0, 1),
 (4626490, 'Sweater', 'Dickies', 56.0, 1)
]
```

两个列表都包含元组，元组的第一个元素是订单号。我们的目标是找到具有匹配订单号的元组，将它们合并为单个元组，并将所有元组存储在列表中。代码如下。

```
❶ orders_details = []
❷ for o in orders:
    for d in details:
     ❸ if d[0] == o[0]:
       orders_details.append(o + ❹ d[1:])
```

首先，创建一个空列表以接收合并的元组❶。然后，使用两个 for 循环❷，并使用 if 语句判断分别来自 orders 和 details 列表的两个元组的订单号是否相同❸。为了避免合并后的 orders_details 列表的元组中有重复的订单号，对 details 列表的每个元组使用切片，获取其除第一个字段（该字段包含订单号）之外的其他字段❹。

对于上面的代码，用户可能想知道是否可以使用一行代码更优雅地实现。事实上，使用列表推导式可以获得相同的结果。

```
orders_details = [[o for o in orders if d[0] == o[0]][0] + d[1:] for d in details]
```

在外部的列表推导式中，迭代 details 列表的元组。在内部的列表推导式中，在 orders 列表中找到一个元组，其订单号与 details 列表的当前元组匹配。由于 details 列表的一个元组只与 orders 列表的一个元组匹配，因此使用内部的列表推导式生成一个包含单个元素的列表（表示订单的元组）。首先，使用[0]获取内部的列表推导式的第一个元素，然后使用运算符“+”将该元组与 details 列表中的对应元组（使用[1:]去除订单号）连接起来。

无论是通过列表推导式创建 orders_details，还是通过前面的两个 for 循环，生成的列表都如下所示。

```
[
 (9423517, '2022-02-04', 9001, 'Jeans', 'Rip Curl', 87.0, 1),
 (9423517, '2022-02-04', 9001, 'Jacket', 'The North Face', 112.0, 1),
 (4626232, '2022-02-04', 9003, 'Socks', 'Vans', 15.0, 1),
 (4626232, '2022-02-04', 9003, 'Jeans', 'Quiksilver', 82.0, 1),
 (9423534, '2022-02-04', 9001, 'Socks', 'DC', 10.0, 2),
 (9423534, '2022-02-04', 9001, 'Socks', 'Quiksilver', 12.0, 2),
 (9423679, '2022-02-05', 9002, 'T-shirt', 'Patagonia', 35.0, 1),
 (4626377, '2022-02-05', 9003, 'Hoody', 'Animal', 44.0, 1),
 (4626377, '2022-02-05', 9003, 'Cargo Shorts', 'Animal', 38.0, 1),
 (4626412, '2022-02-05', 9004, 'Shirt', 'Volcom', 78.0, 1),
 (9423783, '2022-02-06', 9002, 'Boxer Shorts', 'Superdry', 30.0, 2),
 (9423783, '2022-02-06', 9002, 'Shorts', 'Globe', 26.0, 1),
 (4626490, '2022-02-06', 9004, 'Cargo Shorts', 'Billabong', 54.0, 1),
 (4626490, '2022-02-06', 9004, 'Sweater', 'Dickies', 56.0, 1)
]
```

该列表包含 details 列表的所有元组，每个元组还包含 orders 列表对应的元组的其他信息。

7.1.4 列表的多种合并方式

在 7.1.3 节中，执行的操作是标准的一对多连接，details 列表中的每个订单行在 orders 列表中都有一笔匹配的订单，而 orders 列表的每笔订单都与 details 列表中的一个或多个订单行匹配。然而，在实践中，拟连接的两个数据集中的一个或两个数据集的元素可能在另一个数据集的元素都没有匹配的行。要考虑这些情况，你必须能够执行与各种数据库连接方式等效的操作——左合并、右合并、内合并和外合并。

例如，details 列表可能包含 orders 列表中没有的订单行。造成这种情况的操作是，用户可能过滤特定日期范围的订单。但是由于 details 列表不包括 Date 字段，因此无法实现相应的筛选。我们在 details 列表中添加一个新行（该订单不在 orders 列表中）以模拟这种情况。

```
details.append((4626592, 'Shorts', 'Protest', 48.0, 1))
```

如果使用以下代码尝试生成 orders_details 列表就会出错。

```
orders_details = [[o for o in orders if d[0] == o[0]][0] + d[1:] for d in details]
```

错误消息如下。

```
IndexError: list index out of range
```

如果在 orders 列表中找不到与 details 列表的元素匹配的元素，但尝试获取相应内部列表推导式的第一个元素，就会出现问题。由于订单号不在 orders 列表中，因此不存在相应的元素。解决此问题的一种方法是在外部列表推导式（for d in details）中添加 if 子句，检查是否可以在 orders 列表中找到 details 列表中的订单号，如下所示。

```
orders_details = [[o for o in orders if d[0] in o][0] + d[1:] for d in details
             ❶ if d[0] in [o[0] for o in orders]]
```

在循环 for d in details 后面的 if 语句中，判断 orders 列表中是否存在与正在考虑的 details 列表的行相匹配的行❶。因此，上面的列表推导式实现了内合并。

然而，如果要在 orders_details 列表中包含 details 列表的所有行，该怎么办呢？例如，用户可能希望汇总所有订单的总销售额，而不仅仅是当前 orders 列表（假设已按日期过滤）的订单。用户可以汇总当前 orders 列表的订单总销售额，并比较所有订单的总销售额和当前 orders 列表的订单总销售额。

在这种情况下，用户要实现的是右合并，假设 orders 列表位于关系的左侧，而 details 列表位于关系的右侧。右合并返回右数据集的所有行，只返回左数据集匹配的行。更新上面的列表推导式，如下所示。

```
orders_details_right = [[o for o in orders if d[0] in o][0] + d[1:] if d[0] in [o[0] for o
                    in orders] ❶ else (d[0], None, None) + d[1:] for d in details]
```

在这里，在循环 for d in details 的 if 语句后添加 else 语句❶。该 else 语句适用于 orders 列表中没有与 details 匹配的行。它创建一个新的元组，其中包含订单号并加上两个 None，用于代替缺少的 orders 字段。另外，该 else 语句将该元组与来自 details 列表的行连接起来，生成一个结构与其他元组相同的行。因此，生成的数据集除包含所有匹配行外，还将包含在 orders 列表中没有匹配行的 details 列表的行。

```
[
 --snip--
 (4626490, '2022-02-06', 9004, 'Sweater', 'Dickies', 56.0, 1),
```

```
(4626592, None, None, 'Shorts', 'Protest', 48.0, 1)
]
```

既然有了 orders_details_right 列表（orders 和 details 列表右合并的结果），就可以计算所有订单的销售额，并将结果与 orders 列表中的订单总销售额进行比较。使用 Python 内置的 sum()函数将所有订单的总销售额相加。

```
sum(pr*qt for _, _, _, _, _, pr, qt in orders_details_right)
```

作为参数传递给 sum()的 for 循环与列表推导式中使用的循环有些相似，在每次迭代中只获取必要的元素。在本例中，每次迭代都需要找到 pr*qt，即当前元组的价格和数量的乘积。因为对元组的其他值不感兴趣，所以可以在 for 关键字后面的语句中使用占位符_代替其他值。

如果按照本章介绍的步骤进行操作，则以上代码的运行结果如下。

```
779.0
```

通过更改上面的代码，计算 orders 列表中订单的总销售额。

```
sum(pr*qt for _, dt, _, _, _, pr, qt in orders_details_right ❶ if dt != None)
```

在这里，向循环添加一个 if 子句，以筛除不在 orders 列表中的订单❶；排除 Date（dt）字段中内容为 None 的行（None 表示该行不包含在 orders 列表中）。结果如下。

```
731.0
```

7.2 合并 NumPy 数组

与列表不同，NumPy 数组不能使用运算符“+”合并。这是因为 NumPy 保留了运算符“+”，用于在多个数组上执行元素相加操作。要合并两个 NumPy 数组，使用 numpy.concatenate()函数。

这里将以 base_salary 数组为例，使用如下代码创建该数组（这里称为 base_salary1）。

```
import numpy as np
jeff_salary = [2700,3000,3000]
nick_salary = [2600,2800,2800]
tom_salary = [2300,2500,2500]
base_salary1 = np.array([jeff_salary, nick_salary, tom_salary])
```

数组中的每一行都包含特定员工 3 个月的基本工资数据。现在，假设在 base_salary2 数组中又有两名员工的工资数据。

```
maya_salary = [2200,2400,2400]
```

```
john_salary = [2500,2700,2700]
base_salary2 = np.array([maya_salary, john_salary])
```

要在同一数组中存储 5 名员工的工资数据，使用 numpy.concatenate()合并 base_salary1 和 base_salary2，如下所示。

```
base_salary = np.concatenate((base_salary1, base_salary2), axis=0)
```

第一个参数是包含要合并的数组的元组。第二个参数（axis）很关键，它指定数组是水平合并还是垂直合并，或者第二个数组是作为新行还是新列添加。参数 axis 设置为 0 表示垂直合并。因此，axis=0 指示 concatenate()函数将 base_ salary2 的行追加到 base_salary1 的行的下面。生成的数组如下所示。

```
[[2700 3000 3000]
 [2600 2800 2800]
 [2300 2500 2500]
 [2200 2400 2400]
 [2500 2700 2700]]
```

假设下个月的工资信息已经收到，那么可以将下个月的工资数据放入另一个 NumPy 数组中，如下所示。

```
new_month_salary = np.array([[3000],[2900],[2500],[2500],[2700]])
```

输出数组，将看到以下内容。

```
[[3000]
 [2900]
 [2500]
 [2500]
 [2700]]
```

将 new_month_salary 数组作为其他列添加到 base_salary 数组中。假设两个数组的员工顺序相同，那么可以按如下方式使用 concatenate()函数。

```
base_salary = np.concatenate((base_salary, new_month_salary), axis=1)
```

由于 axis 设置为 1 表示水平合并，因此 axis=1 指示 concatenate()函数将 new_month_salary 数组作为列追加到 base_salary 数组的右侧。现在 base_salary 如下所示。

```
[[2700 3000 3000 3000]
 [2600 2800 2800 2900]
 [2300 2500 2500 2500]
 [2200 2400 2400 2500]
 [2500 2700 2700 2700]]
```

练习 7-1：向 NumPy 数组添加新行或者新列

继续前面的示例，创建一个新的 NumPy 数组，该数组包含两列，它们表示每个员工其他两个月的工资数据。然后，将现有的 base_salary 数组与新创建的数组连接起来。类似地，将新行追加到 base_salary 数组中，从而添加其他员工的工资信息。请注意，在向 NumPy 数组添加单行或列时，除使用函数 numpy.concatenate()之外，还可以使用 numpy.append()函数。

7.3 合并 pandas 数据结构

在第 3 章中，我们不仅学习了合并 pandas 数据结构的一些基本技巧，还学习了如何将序列对象合并成一个数据框及如何通过索引合并两个数据框。另外，我们还学习了通过将参数 how 传入 pandas 库的 join()或 merge()方法，将两个数据框合并为一个数据框时可以使用不同类型的合并方式。在本节中，我们将看到关于如何使用参数 how 实现非默认数据框合并（如右合并）的更多示例。然而，在此之前，我们将学习如何沿特定轴连接两个数据框。

7.3.1 连接数据框

与 NumPy 数组一样，可能需要沿特定轴连接两个数据框，将一个数据框的行或列追加到另一个数据框中。本节的示例演示如何使用 pandas.concat()函数实现该功能。在继续完成本章的示例之前，需要创建两个要连接的数据框。

使用前面的 jeff_salary、nick_salary 和 tom_salary 列表以及字典创建数据框，如下所示。

```
import pandas as pd
salary_df1 = pd.DataFrame(
    {'jeff': jeff_salary,
     'nick': nick_salary,
     'tom': tom_salary
    })
```

每个列表都成为字典的一个值，之后成为新数据框中的一列。字典的键（对应的员工姓名）将成为列标签。数据框的每一行都包含一个月的所有工资数据。默认情况下，这些行使用数字作为索引，但使用月份作为索引更有意义。按如下方式更新索引。

```
salary_df1.index = ['June', 'July', 'August']
```

现在，salary_df1 数据框如下所示。

```
       jeff nick  tom
June   2700 2600 2300
July   3000 2800 2500
August 3000 2800 2500
```

将员工的工资数据视为一行比将其视为一列更方便。使用数据框的 T 属性实现转置运算，这是 DataFrame.transpose()方法的简写。


```
salary_df1 = salary_df1.T
```

该语句对数据框进行转置运算，将其列转换为行，或者将其行转换为列。现在，数据框的索引是员工姓名，如下所示。

```
     June July August
jeff 2700 3000   3000
nick 2600 2800   2800
tom  2300 2500   2500
```

现在创建另一个具有相同列的数据框，用于与 salary_df1 合并。对于合并 NumPy 数组的示例，在这里创建一个数据框，用于保存另外两名员工的工资数据。

```
salary_df2 = pd.DataFrame(
    {'maya': maya_salary,
     'john': john_salary
    },
    index = ['June', 'July', 'August']
).T
```

在一条语句中创建数据框、设置索引和实现转置运算。新创建的数据框如下所示。

```
     June July August
maya 2200 2400   2400
john 2500 2700   2700
```

现在已经创建了两个数据框，可以合并它们了。

1. 沿轴 0 连接

pandas 库的 concat()函数的作用是沿着某条轴连接 pandas 对象。默认情况下，concat()函数设置 axis 为 0，这表示将参数列表中第二个出现的数据框追加在第一个数据框的下面。因此，要以这种方式合并 salary_df1 和 salary_df2 数据框，无须显式传递参数 axis 的值，只需要调用 concat()并在方括号内指定数据框的名称即可。

```
salary_df = pd.concat([salary_df1, salary_df2])
```

上面的代码生成以下数据框。

```
     June July August
jeff 2700 3000   3000
nick 2600 2800   2800
tom  2300 2500   2500
maya 2200 2400   2400
john 2500 2700   2700
```

可以看到，第二个数据框中的maya行和john行已添加到第一个数据框下方。

2. 沿轴1连接

当沿着轴1合并时，concat()函数将第二个数据框的列追加到第一个数据框右侧。为了说明这一点，使用salary_df作为第一个数据框。对于第二个数据框，创建以下结构以保存另外两个月的工资数据。

```
salary_df3 = pd.DataFrame(
    {'September': [3000,2800,2500,2400,2700],
     'October': [3200,3000,2700,2500,2900]
    },
    index = ['jeff', 'nick', 'tom', 'maya', 'john']
)
```

现在调用concat()，传入两个数据框并设置axis=1，沿水平方向合并。

```
salary_df = pd.concat([salary_df, salary_df3], axis=1)
```

生成的数据框如下所示。

```
     June July August September October
jeff 2700 3000   3000      3000    3200
nick 2600 2800   2800      2800    3000
tom  2300 2500   2500      2500    2700
maya 2200 2400   2400      2400    2500
john 2500 2700   2700      2700    2900
```

第二个数据框的工资数据显示为第一个数据框中工资数据右侧的新列。

3. 从数据框中删除列/行

组合数据框后，可能需要删除一些不必要的行或列。例如，为了从salary_df数据框中删除September列和October列，使用DataFrame.drop()方法，如下所示。

```
salary_df = salary_df.drop(['September', 'October'], axis=1)
```

第一个参数设置为要从数据框中删除的列或行的名称，然后使用参数axis设置它们是行还是列。在本例中，因为axis设置为1，所以将删除列。

除删除数据框的最后一列/行之外，使用drop()还可以删除任意的列和行，如下所示。

```
salary_df = salary_df.drop(['nick', 'maya'], axis=0)
```

执行前两个操作后，salary_df 数据框如下。

```
      June July August
jeff  2700 3000   3000
tom   2300 2500   2500
john  2500 2700   2700
```


这里已删除 September 列和 October 列，以及 nick 和 maya 对应的行。

4. 用层次索引连接数据框

到目前为止，我们已经学习了如何使用简单索引合并数据框。现在，我们学习如何合并多索引数据框。下面的示例使用 df_date_region 数据框。该数据框是通过多次的连续操作创建的，如下所示。

```
Date       Region Total
2022-02-04 East    97.0
           West   243.0
2022-02-05 East   160.0
           West    35.0
2022-02-06 East   110.0
           West    86.0
```

要重新创建此数据框，不必遵循第 6 章中的步骤，执行以下代码。

```
df_date_region1 = pd.DataFrame(
 [
  ('2022-02-04', 'East', 97.0),
  ('2022-02-04', 'West', 243.0),
  ('2022-02-05', 'East', 160.0),
  ('2022-02-05', 'West', 35.0),
  ('2022-02-06', 'East', 110.0),
  ('2022-02-06', 'West', 86.0)
],
columns =['Date', 'Region', 'Total']).set_index(['Date','Region'])
```

现在还需要另一个数据框，该数据框也按 Date 列和 Region 列索引。按照如下方式创建该数据框。

```
df_date_region2 = pd.DataFrame(
 [
  ('2022-02-04', 'South', 114.0),
  ('2022-02-05', 'South', 325.0),
  ('2022-02-06', 'South', 212.0)
```

```
],
columns =['Date', 'Region', 'Total']).set_index(['Date','Region'])
```

第二个数据框的3个日期与第一个数据框的相同，但有新地区 South 的数据。合并这两个数据框面临的挑战是令结果按日期排序，而不是简单地将第二个数据框追加到第一个数据框之下。合并数据框的方式如下。

```
df_date_region = pd.concat([df_date_region1,
            df_date_region2]).sort_index(level=['Date','Region'])
```

首先，调用 concat()，该调用看起来与合并单列索引的数据框的调用相同。传入要合并的数据框，并且由于省略了 axis 参数，因此默认情况下两个数据框将垂直合并。要按日期和地区对结果数据框的行进行排序，调用 sort_index()方法。最终，将获得以下数据框。

```
Date       Region  Total
2022-02-04 East     97.0
           South   114.0
           West    243.0
2022-02-05 East    160.0
           South   325.0
           West     35.0
2022-02-06 East    110.0
           South   212.0
           West     86.0
```

可以看到，第二个数据框的行已集成到第一个数据框的行中，从而保持了按日期的顶层分组。

7.3.2 合并两个数据框

当合并两个数据框时，可以将一个数据集的一行与另一个数据集的匹配行相结合，而不是简单地将一个数据框的行或列追加在另一个数据框的行或列的下方或旁边。在本节中，我们将学习数据框的合并，实现右合并和多对多合并。

1. 实现右合并

右合并获取第二个数据框的所有行，并将它们与第一个数据框的匹配行组合。右合并的结果数据框的某些行可能具有未定义的字段，这会导致意外的挑战。

为了演示，对 df_orders 和 df_details 数据框进行右合并。根据列表，创建数据框。

```
import pandas as pd
df_orders = pd.DataFrame(orders, columns =['OrderNo', 'Date', 'Empno'])
df_details = pd.DataFrame(details, columns =['OrderNo', 'Item', 'Brand', 'Price', 'Quantity'])
```

原始 details 列表中的每一行在 orders 列表中都有匹配的一行。因此，对于数据框 df_details 和 df_orders 也是如此。为了更好地说明右合并，需要向 df_details 数据框中添加在 df_orders 数据框中没有匹配项的新行。我们可以使用 DataFrame.append()方法添加字典或序列作为数据框的行。

如果按照 7.1.4 节的示例逐步操作，那么我们已经将以下行添加到 details 列表中，因此它应该已经出现在 df_details 数据框中。在这种情况下，可以忽略以下添加操作。否则，将此行作为字典追加到 df_details 数据框中。请注意，在 df_orders 数据框的 OrderNo 列的值中找不到新行中 OrderNo 字段的值。


```
df_details = df_details.append(
  {'OrderNo': 4626592,
   'Item': 'Shorts',
   'Brand': 'Protest',
   'Price': 48.0,
   'Quantity': 1
  },
❶ ignore_index = True
)
```

这里，ignore_index 参数必须设置为 True ❶，否则无法将字典添加到数据框中。将此参数设置为 True 也会重置数据框的索引，从而保持连续的索引值（0，1，…）。

接下来，使用 merge()方法合并 df_orders 和 df_details 数据框。merge()提供了一种合并两个有相同列的数据框的便捷方法。

```
df_orders_details_right = df_orders.merge(df_details, ❶ how='right',
                  ❷ left_on='OrderNo', right_on='OrderNo')
```

使用参数 how 设置合并类型，在本例中它设置为 right ❶。使用参数 left_on 与 right_on 分别设置数据框 df_orders 和 df_details 中要合并的列❷。

生成的数据框如下所示。

```
   OrderNo        Date  Empno          Item            Brand  Price  Quantity
0  9423517  2022-02-04  9001.0        Jeans         Rip Curl   87.0         1
1  9423517  2022-02-04  9001.0       Jacket  The North Face  112.0         1
2  4626232  2022-02-04  9003.0        Socks             Vans   15.0         1
3  4626232  2022-02-04  9003.0        Jeans       Quiksilver   82.0         1
4  9423534  2022-02-04  9001.0        Socks               DC   10.0         2
5  9423534  2022-02-04  9001.0        Socks       Quiksilver   12.0         2
6  9423679  2022-02-05  9002.0      T-shirt        Patagonia   35.0         1
7  4626377  2022-02-05  9003.0        Hoody           Animal   44.0         1
8  4626377  2022-02-05  9003.0 Cargo Shorts           Animal   38.0         1
```

```
9   4626412  2022-02-05  9004.0        Shirt         Volcom   78.0          1
10  9423783  2022-02-06  9002.0  Boxer Shorts      Superdry   30.0          2
11  9423783  2022-02-06  9002.0       Shorts          Globe   26.0          1
12  4626490  2022-02-06  9004.0  Cargo Shorts     Billabong   54.0          1
13  4626490  2022-02-06  9004.0      Sweater        Dickies   56.0          1
14  4626592         NaN     NaN       Shorts        Protest   48.0          1
```

由于新追加到 df_details 数据框的行在 df_orders 数据框中没有匹配的行，因此得到的数据框中对应行在 Date 和 Empno 字段中包含 NaN（默认缺失值标记）。然而，这会导致一个问题：NaN 不能存储在整型列中，因此 pandas 库会在插入 NaN 时自动将整型列转换为浮点型列。因此，Empno 列中的值已转换为浮点数。使用数据框 df_orders_details_right 的 dtypes 属性来确认这一点，该属性显示了每列的类型。

```
print(df_orders_details_right.dtypes)
```

输出如下。

```
OrderNo       int64
Date         object
Empno       float64
Item         object
Brand        object
Price       float64
Quantity      int64
dtype:       object
```

可以看到，Empno 列的类型为 float64。类似地，检查 df_orders 数据框的 dtypes 属性，将看到 Empno 列的类型最初是 int64。

显然，这种从整数到浮点数的转换是不合适的：员工编号不应该有小数点。有没有办法将 Empno 列转换回整数？一种解决方法是将此列中的 NaN 替换为某个整数值，如 0。只要 0 不是某人的员工 ID，此替换就是可以接受的。更改方法如下。

```
df_orders_details_right = df_orders_details_right.fillna({'Empno':0}).astype({'Empno':'int64'})
```

这里使用了 DataFrame.fillna()方法，该方法用指定的值替换指定列中的 NaN。把列和替换值定义为字典。在本例中，将 Empno 列中的 NaN 替换为 0，然后使用 astype()方法将列的类型转换为 int64。列和新类型再次被设置为字典的键值对。

得到以下数据框。

```
   OrderNo        Date  Empno     Item           Brand  Price  Quantity
0  9423517  2022-02-04   9001    Jeans        Rip Curl   87.0         1
1  9423517  2022-02-04   9001   Jacket  The North Face  112.0         1
--snip--
```

```
14  4626592        NaN    0    Shorts        Protest   48.0        1
```

Empno 列中的 NaN 变为 0，员工编号没有了小数点，再次显示为整数。

2. 实现多对多合并

可以在数据集中实现多对多合并，其中每个数据集的一行可能与另一个数据集的多行相关。例如，假设有两个分别包含图书和作者的数据集。作者数据集的每条记录可以与图书数据集的一条或多条记录对应，图书数据集的每条记录可以与作者数据集的一条或多条记录对应。

通常，使用关联表（也称为匹配表）连接具有多对多关系的数据集。关联表通过每个数据集的主键映射两个（或多个）数据集。关联表与每个数据集都有一对多的关系，并充当它们的中介，然后合并它们。

我们将使用 books 和 authors 数据框实现多对多合并。创建 books 数据框和 authors 数据框，代码如下。

```
import pandas as pd
books = pd.DataFrame({'book_id': ['b1', 'b2', 'b3'],
                      'title': ['Beautiful Coding', 'Python for Web
                                Development', 'Pythonic Thinking'],
                      'topic': ['programming', 'Python, Web', 'Python']})
authors = pd.DataFrame({'author_id': ['jsn', 'tri', 'wsn'],
                        'author': ['Johnson', 'Treloni', 'Willson']})
```

books 数据框包括 3 本书，每本书都有唯一的 book_id。数据框 authors 包括 3 位作者，每一位作者都有唯一的 author_id。现在创建第三个数据框 matching，它将用作关联表，将每本书与其作者连接起来，或者将每个作者与其书连接起来。

```
matching = pd.DataFrame({'author_id': ['jsn', 'jsn','tri', 'wsn'],
                         'book_id': ['b1', 'b2', 'b2', 'b3']})
```

matching 数据框有两列：一列对应作者 ID，另一列对应图书 ID。与其他两个数据框不同，matching 数据框的每一行不仅代表一个作者或一本书，而且包含关于一位特定作者和一本特定书之间关系的信息。matching 数据框如下所示。

```
  author_id book_id
0      jsn      b1
1      jsn      b2
2      tri      b2
3      wsn      b3
```

第 1 行和第 2 行都包含 jsn 的 author_id，表明 Johnson 是两本书的作者。同样，第 2 行和第 3 行都包含 b2 的 book_id，表明 *Python for Web Development* 有两位作者。

现在，通过 matching 数据框实现数据集 authors 和 books 的多对多合并，如下所示。

```
authorship = books.merge(matching).merge(authors)[['title','topic','author']]
```

该操作实际上由 merge()方法的两次合并组成。首先，通过 book_id 列合并 books 和 matching 数据框，然后通过 author_id 列合并第一次连接的结果与 authors 数据框。两次合并都是简单的一对多合并，但它们结合起来实现了 books 和 authors 数据框的多对多合并。最后过滤数据框，使其仅包括 title 列、topic 列和 author 列，结果如下所示。

```
                        title        topic   author
0            Beautiful Coding  programming  Johnson
1  Python for Web Development  Python, Web  Johnson
2  Python for Web Development  Python, Web  Treloni
3           Pythonic Thinking       Python  Willson
```

可以看到，Johnson 是 *Beautiful Coding* 和 *Python for Web Development* 两本书的作者，而 *Python for Web Development* 出现在两行中，每行对应一位作者。

7.4 总结

本章不仅介绍了 Python 数据结构（如列表）与第三方数据结构（如 NumPy 数组和 pandas 数据框）的数据合并方式，还讲述了如何连接数据集，如何合并数据集。

第8章

数据可视化

与原始数字相比，数据可以以图片形式更直观地呈现。例如，绘制折线图以直观地显示股票价格随时间的变化，使用显示每日浏览量的直方图跟踪网站上文章的热度。数据可视化可以帮助用户快速识别数据中的趋势。

本章介绍了常见的数据可视化类型，讨论了如何使用 Matplotlib（一种流行的 Python 绘图库）创建它们并实现数据可视化。

8.1 常见可视化形式

本节介绍几种可视化图形，包括折线图、柱状图、饼状图和直方图。本节将讨论这些常见的可视化形式，并探讨每种图形的典型示例。

8.1.1 折线图

折线图（也称为线状图）可以用来说明一段时间内数据的趋势。在折线图中，x 轴表示数据集的时间列，y 轴表示一个或多个数字列。

假设用户可以查看网站的不同文章，则可以为文章浏览量创建一幅图，x 轴表示日期，y 轴显示文章每天的浏览量，如图 8-1 所示。

将多个数据叠加在一幅折线图中，以说明它们的相关性，用不同颜色的线表示不同的数据。例如，图 8-2 显示了网站每天的访问量（用黑色表示）和文章浏览量（用灰色表示）。

折线图左侧的 y 轴显示文章浏览量，而右侧的 y 轴显示访问量。将这两种数据叠加在一起，从视觉上可以直观地看到，文章浏览量和访问量之间存在着一定的相关性。

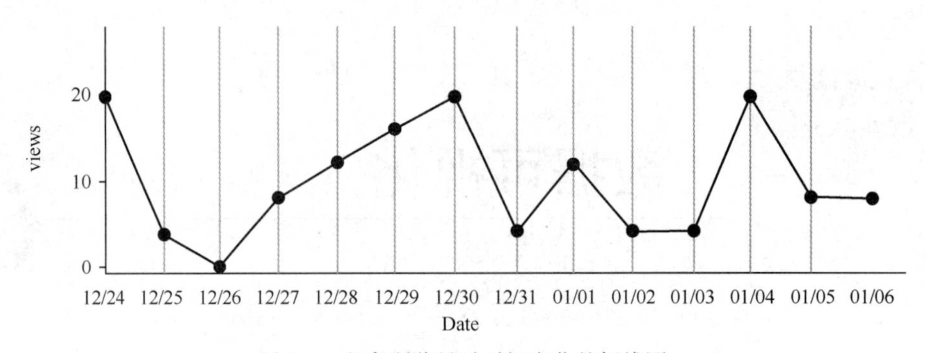

图 8-1　文章浏览量随时间变化的折线图

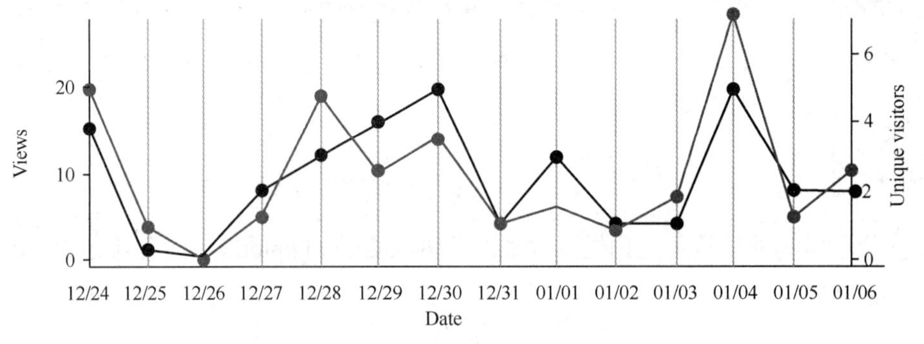

图 8-2　折线图展示不同数据的相关性

注意　文章浏览量也可以绘制为直方图，而不仅仅是折线图。

8.1.2　柱状图

柱状图也称为条形图，使用矩形条显示分类数据，其高度与所代表的数值成正比，可以方便在不同类别之间进行比较。例如，考虑以下数据，这些数据表示公司在不同地区的年度销售额。

```
New England   $882,703
Mid-Atlantic  $532,648
Midwest       $714,406
```

图 8-3 用柱状图表示销售数据。

在图 8-3 中，纵轴显示了横轴所示地区的销售额。

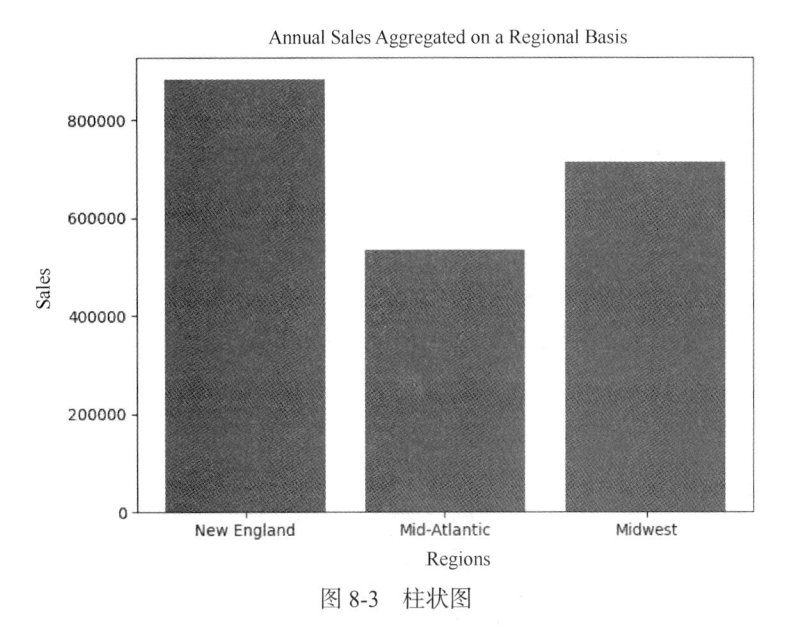

图 8-3 柱状图

8.1.3 饼状图

饼状图可以展示完整数据集中每个类别的比例（以百分比表示）。图 8-4 使用饼状图展示了上一个示例的销售额占比。

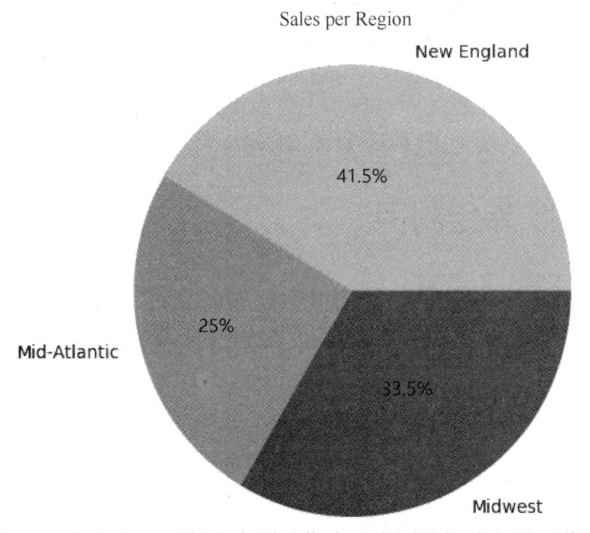

图 8-4 饼状图展示每个类别（作为一个圆的切片）的百分比

在这里，每个切片的大小表示每个类别占整体的比例。用户可以很容易地比较每个地区的销售额。当每个切片代表饼状图的较大部分时，这种图示效果很好。但是，当需要显示非常小的部分时，饼状图不是最佳选择。例如，代表整体 0.01%的切片甚至可能在饼状图中不可见。

8.1.4　直方图

直方图显示频率分布，即特定值或一定区间的值在数据集中出现的次数。每个值或结果由长的矩形条表示，其高度对应该值的频率。例如，图 8-5 中的直方图显示了销售部门中不同工资组别的频次。

在图 8-5 中，每个工资区间的长度为 50 美元，每个矩形条表示工资在一定区间内的人数。通过可视化，用户可以快速查看与其他范围（如 1250～1300 美元）相比，有多少员工的月收入在 1200～1250 美元。

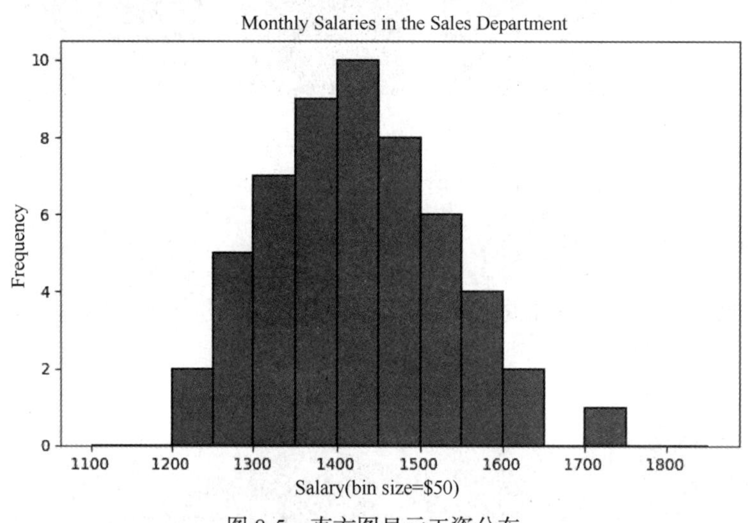

图 8-5　直方图显示工资分布

8.2　使用 Matplotlib 库绘制图

现在我们已经学习了常见的图形，我们将考虑如何使用 Matplotlib 库创建它们，Matplotlib 库是用于数据可视化的较流行的 Python 库之一。本节介绍如何绘制折线图、饼状图、柱状图和直方图。

用 Matplotlib 库绘制的图形都是从嵌套对象的层次结构中构建的。用户可以直接使用这些对象来创建高度可自定义的图形，也可以通过 matplotlib.pyplot 模块提供的函数间接操作对象。后一种方法更简单，通常足以创建基本图表。

8.2.1　安装 Matplotlib 库

尝试在 Python 中导入 Matplotlib 库，检查是否已安装 Matplotlib 库。

```
> import matplotlib
```

如果出现 ModuleNotFoundError，请使用 pip 安装 Matplotlib 库。

```
$ python -m pip install -U matplotlib
```


8.2.2 使用 matplotlib.pyplot

matplotlib.pyplot（在代码中通常简称为 plt）模块提供了一组用于创建美观图形的函数。该模块可以轻松定义图形的各个方面，如标题、轴标签等。例如，以下代码创建了特斯拉连续 5 天收盘股价的折线图。

```
from matplotlib import pyplot as plt

days = ['2021-01-04', '2021-01-05', '2021-01-06', '2021-01-07', '2021-01-08']
prices = [729.77, 735.11, 755.98, 816.04, 880.02]

plt.plot(days,prices)
plt.title('NASDAQ: TSLA')
plt.xlabel('Date')
plt.ylabel('USD')
plt.show()
```

首先，将数据定义为两个列表——days（包含将沿 x 轴绘制的日期）和 prices（包含将沿 y 轴绘制的价格）。然后，创建图片，真正用于显示数据的是 plt.plot()函数，把数据传给 x 轴和 y 轴。在接下来的 3 行代码中，自定义图形元素：使用 plt.title()添加标题，分别使用 plt.xlabel()与 plt.ylabel()添加 x 轴标签和 y 轴标签。最后，用 plt.show()显示图片。图 8-6 显示了结果。

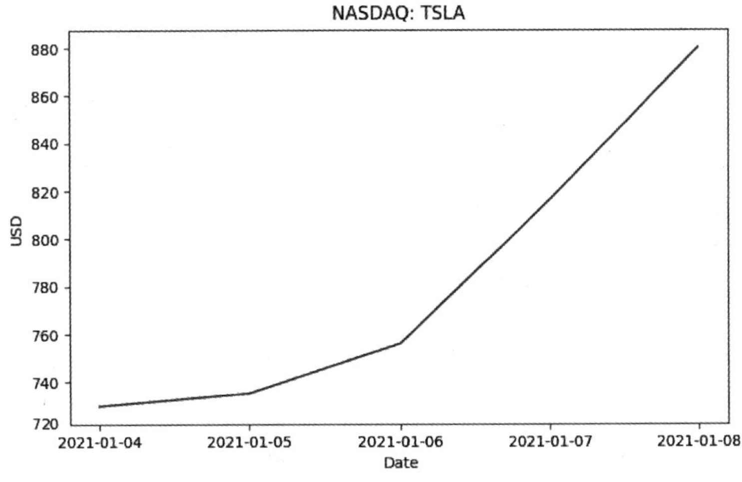

图 8-6 用 matplotlib.pyplot 模块生成的简单折线图

默认情况下，plt.plot()生成一幅折线图，即一系列连接数据点的线。Matplotlib 库自动设置 y 轴范围为 720～880，以 20 为间隔，这样很容易看到每天的股价。

绘制基本的饼状图和绘制折线图一样简单。例如，以下代码生成图 8-4 所示的饼状图。

```
import matplotlib.pyplot as plt

regions = ['New England', 'Mid-Atlantic', 'Midwest']
sales = [882703, 532648, 714406]

plt.pie(sales, labels=regions, autopct='%1.1f%%')
plt.title('Sales per Region')
plt.show()
```

上面的代码与创建折线图的模式基本相同：定义要绘制图形的数据，绘制图形，自定义某些图形特征，显示图形。在本例中，数据包括一个地区列表（该列表将用作饼状图每个部分的标签），以及一个每个地区的销售额列表（该列表将定义每个部分的大小）。plt.pie()函数用于绘制饼状图，以 sales 作为要绘制的数据，以 regions 作为数据的标签。使用参数 autopct 在饼状图切片中显示百分比，使用 Python 字符串格式将值保留到小数点后一位。

这里，也可以将相同的输入数据可视化为柱状图，如图 8-3 所示。

```
import matplotlib.pyplot as plt
regions = ['New England', 'Mid-Atlantic', 'Midwest']
sales = [882703, 532648, 714406]

plt.bar(regions, sales)
plt.xlabel("Regions")
plt.ylabel("Sales")
plt.title("Annual Sales Aggregated on a Regional Basis")

plt.show()
```

将 regions 列表传递给 plt.bar()函数作为柱状图的 x 轴。传递给 plt.bar()的第二个参数是 sales 列表，它包含与 regions 列表中的元素对应的销售额。在柱状图和饼状图中，可以为标签和销售额使用单独的列表，因为在 Python 列表中元素的顺序是固定的。

8.2.3　使用 Figure 和 Axes 对象

本质上，Matplotlib 图形是从两种主要对象（一个 Figure 对象和一个或多个 Axes 对象）创建的。在前面的示例中，作为一个接口，matplotlib.pyplot 用于间接处理这些对象，允许用户自定义可视化的一些元素。但是，通过直接使用 Figure 和 Axes 对象本身，用户可以对图形进行更多控制。

Figure 对象是 Matplotlib 图形的顶层，是最外层的容器，可以包括一幅或多幅图。当用户需要对整个图形做一些操作时，可以使用 Figure 对象。例如，调整它的大小或将它保存到一个文件中。同时，每个 Axes 对象代表最终图中的一幅子图。用户可以使用 Axes 对象自定义子图及其布局。例如，设置分图的坐标系并在坐标轴上标记位置。

用户可以通过 matplotlib.pyplot.subplots()函数访问 Figure 对象和 Axes 对象。在没有参数的情况下调用该函数，返回一个 Figure 实例和一个相应的 Axes 实例。通过添加参数，使用 matplotlib.pyplot.subplots()函数可以创建一个 Figure 实例和多个相应的 Axes 实例。换句话说，用户将创建一幅带多幅子图的图。例如，调用 subplots(2,2)可以创建一幅带 4 幅子图的图，这些子图排列成两行两列。每幅子图对应一个 Axes 对象。

注意 有关 subplots()的更多详细信息，请参阅 Matplotlib 文档。

1. 使用 subplots()创建直方图

在以下代码中，使用 subplots()创建一个 Figure 对象和一个 Axes 对象，然后操作这些对象生成图 8-5 所示的直方图，显示员工的工资分布。除使用 Figure 对象和 Axes 对象外，还可以使用 Matplotlib 的 matplotlib.ticker 模块沿图的 x 轴设置刻度的格式，并使用 NumPy 以 50 美元的增量定义直方图的一系列区间。

```
  # importing modules
  import numpy as np
  from matplotlib import pyplot as plt
  import matplotlib.ticker as ticker

  # data to plot
❶ salaries = [1215, 1221, 1263, 1267, 1271, 1274, 1275, 1318, 1320, 1324, 1324,
              1326, 1337, 1346, 1354, 1355, 1364, 1367, 1372, 1375, 1376, 1378,
              1378, 1410, 1415, 1415, 1418, 1420, 1422, 1426, 1430, 1434, 1437,
              1451, 1454, 1467, 1470, 1473, 1477, 1479, 1480, 1514, 1516, 1522,
              1529, 1544, 1547, 1554, 1562, 1584, 1595, 1616, 1626, 1717]

  # preparing a histogram
❷ fig, ax = plt.subplots()
❸ fig.set_size_inches(5.6, 4.2)
❹ ax.hist(salaries, bins=np.arange(1100, 1900, 50), edgecolor='black', linewidth=1.2)
❺ formatter = ticker.FormatStrFormatter('$%1.0f')
❻ ax.xaxis.set_major_formatter(formatter)
❼ plt.title('Monthly Salaries in the Sales Department')
  plt.xlabel('Salary (bin size = $50)')
  plt.ylabel('Frequency')
  # showing the histogram
  plt.show()
```

首先，定义要可视化的 salaries 列表❶。然后，调用不带参数的 subplots()函数❷，创建一幅子图。该函数返回一个元组，其中包含两个对象，即 fig 和 ax。

既然有了 Figure 和 Axes 实例，就可以开始自定义它们了。首先，调用 Figure 对象的 set_size_inches()方法调整整幅图的大小❸。然后，调用 Axes 对象的 hist()方法绘制直方图❹，将工资列表（作为直方图的输入数据）和一个 NumPy 数组（用于定义直方图的 *x* 轴上的点）传递给 hist()方法。NumPy 数组由 NumPy 库的函数 arange()生成，该函数在给定区间内生成一个等距数组（在本例中，1100～1900 的增量为 50）。使用 hist()方法的参数 edgecolor 为矩形条设置黑色边框，并使用参数 linewidth 设置边框的宽度。

接下来，使用 matplotlib.ticker 模块的 FormatStrFormatter()函数创建一个格式化程序，该格式化程序将在每个 *x* 轴标签上预先添加一个美元符号❺。然后使用 ax.xaxis 对象的 set_major_formatter()方法把格式化程序应用于 *x* 轴标签❻。最后，通过 matplotlib.pyplot❼设置图形的其他方面（如标题和轴标签），显示图形。

2. 在饼状图上显示频率分布

虽然直方图非常适合可视化频率分布，但也可以使用饼状图将频率分布表示为百分比。作为示例，本节介绍如何将刚刚创建的工资分布直方图转换为饼状图，显示工资是如何分布的。

在创建饼状图之前，需要从直方图中提取一些关键信息。特别是，了解每 50 美元范围内工资的员工数量。使用 NumPy 的 histogram()函数实现这个目标，使用 histogram()函数计算直方图而不显示直方图。

```
import numpy as np
count, labels = np.histogram(salaries, bins=np.arange(1100, 1900, 50))
```

这里调用 histogram()函数，将之前创建的 salaries 列表传递给它，且设置 bins 参数为 NumPy 函数 arange()以生成等差数列。histogram()函数返回两个 NumPy 数组——count 和 labels。数组 count[]表示每个时间间隔内工资的员工数量，如下所示。

```
[0, 0, 2, 5, 7, 9, 10, 8, 6, 4, 2, 0, 1, 0, 0]
```

同时，数组 labels 包含区间端点的值。

```
[1100, 1150, 1200, 1250, 1300, 1350, 1400, 1450, 1500, 1550, 1600, 1650, 1700, 1750, 1800, 1850]
```

接下来，组合数组 labels[]的相邻元素，将它们转换为饼状图切片的标签。例如，相邻元素 1100 和 1150 应转化成格式化为“$1100～1150”的单个标签。使用以下列表推导式。

```
labels = ['$'+str(labels[i])+'-'+str(labels[i+1]) for i, _ in enumerate(labels[1:])]
```

因此，labels 列表如下所示。

```
['$1100~1150', '$1150~1200', '$1200~1250', '$1250~1300', '$1300~1350',
 '$1350~1400', '$1400~1450', '$1450~1500', '$1500~1550', '$1550~1600',
 '$1600~1650', '$1650~1700', '$1700~1750', '$1750~1800', '$1800~1850']
```

数组 labels[]的每个元素对应数组 count 中具有相同索引的元素。然而，回顾数组 count，你可能会注意到一个问题：某些间隔的计数为 0，你不希望将这些空的间隔包括在饼状图中。通过生成与数组 count 中非空的间隔相对应的索引列表排除计数为 0 的元素。


```
non_zero_pos = [i for i, x in enumerate(count) if x != 0]
```

现在，使用 non_zero_pos 过滤 count 和 labels，排除代表空的间隔的元素。

```
labels = [e for i, e in enumerate(labels) if i in non_zero_pos]
count = [e for i, e in enumerate(count) if i in non_zero_pos]
```

现在使用 matplotlib.plot 接口和 plt.pie()创建饼状图。

```
from matplotlib import pyplot as plt
plt.pie(count, labels=labels, autopct='%1.1f%%')
plt.title('Monthly Salaries in the Sales Department')
plt.show()
```

创建的饼状图如图 8-7 所示。

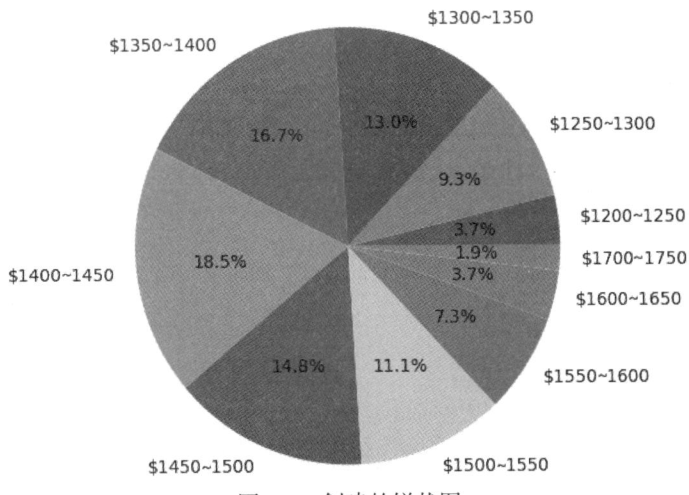

图 8-7 创建的饼状图

饼状图显示的数据与图 8-5 中的直方图相同，但饼状图的每个切片表示对应区间员工数量所占比例，而不明确表示有多少员工的工资在每个区间内。

练习8-1：将窄切片组合成一个“Other”切片

由图8-7可以看出，一些区间由饼状图中的一个非常窄的切片表示，这些切片表示一个或两个员工的统计数据。修改图表，使这些窄的切片合并到标记为Others的单个切片中。要实现这一点，需要更改数组count和列表labels，然后重新创建图表。

8.3　总结

从本章可以看到，数据可视化是一个强大的工具，可以用于发现趋势并从数据中挖掘信息。例如，折线图可以展示股票价格的趋势。本章不仅介绍了如何使用Matplotlib库创建常见的可视化图形（如折线图、柱状图、饼状图和直方图），还讨论了如何使用matplotlib.pyplot构建简单而强大的可视化图形，如何通过直接操作Figure对象和Axes对象对结果进行调整。

第 9 章

分析空间数据

一切都在某处发生。这就是在数据分析中对象的位置与其非空间属性一样重要的原因。事实上，空间数据和非空间数据经常是紧密关联的。

例如，考虑一个打车应用程序。一旦用户打了一辆车，用户可能想在地图上知道汽车的实时位置。用户可能还想知道一些关于接单的汽车和驾驶员的基本非空间信息——汽车的品牌和型号、驾驶员的评级等。

在本章中，我们将进一步了解如何使用 Python 收集和分析位置数据，并了解如何在分析中同时使用空间数据和非空间数据。我们将考虑出租车管理服务的示例，并试图回答如何分配出租车。

9.1 获取空间数据

实现空间分析的第一步是获取感兴趣对象的位置数据。位置数据应采用地理坐标或纬度/经度值的形式。该坐标系可以将地球上的每个位置表示为一组数字，然后通过编程对这些位置进行分析。在本节中，我们将考虑获取静止物体和移动物体的地理坐标的方法。我们将演示出租车服务如何确定客户的上车位置及各种出租车的实时位置。

9.1.1 将人可读的地址转换为地理坐标

大多数人思考的是街道名称和楼的编号，而不是地理坐标。这就是出租车服务、外卖配送应用程序以及类似应用程序通常允许用户将上下车位置指定为街道地址的原因。然而，在后台，这些应用程序将人可读的地址转换为相应的地理坐标。通过这种方式，应用程序可以使用位置数据进行计算，例如，确定离指定上车位置最近的可用出租车。

如何将街道地址转换为地理坐标？一种方法是使用地理编码，谷歌为此提供了一种 API。要从 Python 脚本与地理编码 API 交互，需要使用 googlemaps 库。使用 pip 命令安装 googlemaps 库，命令如下。

```
$ pip install -U googlemaps
```

另外，还需要使用谷歌云账户获取地理编码 API 的密钥。有关获取 API 密钥的信息，请参阅 Developers 网站。有关 API 收费的详细信息，请访问 Google Cloud 网站。在撰写本书时，谷歌每月向 API 用户提供 200 美元的优惠，这足以让用户试用本书的代码。

下面的脚本演示了使用 googlemaps 调用地理编码 API 的示例。该调用用于获取对应地址“1600 Arphithere Parkway，Mountain View，CA”的经纬度坐标。

```
import googlemaps

gmaps = googlemaps.Client(key='YOUR_API_KEY_HERE')
address = '1600 Amphitheatre Parkway, Mountain View, CA'
geocode_result = gmaps.geocode(address)

print(geocode_result[0]['geometry']['location'].values())
```

在代码中，用户与 API 建立了连接，并发送要转换的地址。API 返回一个具有嵌套结构的 JSON 文档。地理坐标存储在键 location 中，这是 geometry 的一个子字段。最后一行访问并输出坐标。

```
dict_values([37.422388, -122.0841883])
```

9.1.2 获取移动对象的地理坐标

现在你已经知道了如何将街道地址转化为地理坐标，但如何获取移动对象（如出租车）的实时地理坐标呢？一些出租车服务可能会使用专门的 GPS 设备，但我们将重点关注一种低成本、易于实施的解决方案。所需要的只是一部智能手机。

智能手机通过内置 GPS 传感器检测自己的位置，并允许共享这些信息。在这里，我们将了解如何通过流行的消息应用程序 Telegram 收集智能手机的 GPS 坐标。使用 Telegram Bot API 创建一个机器人应用程序（bot）——一个在 Telegram 中运行的应用程序。机器人应用程序通常用于自然语言处理，但该机器人应用程序将收集并记录允许共享数据的 Telegram 用户的地理位置数据。

1. 设置 Telegram 机器人应用程序

只有下载 Telegram 应用程序并创建一个账户，才可以创建 Telegram 机器人应用程序。使用智能手机或个人计算机执行以下步骤。

（1）在 Telegram 应用程序中，搜索@BotFather。BotFather 是一个 Telegram 机器人，它管理用户账户中的所有其他机器人。

（2）在 BotFather 页面上，单击 Start，查看可用于设置 Telegram 机器人的命令列表。

（3）在消息框中输入/newbot，系统将提示输入机器人的名称和用户名。

（4）用户获得新机器人的授权令牌。请记住该令牌，当用户为机器人编程时，将需要用到它。

（5）通过 python-telegram-bot 库在 Python 中实现机器人应用程序。按如下方式安装该库。

```
$ pip install python-telegram-bot –upgrade
```

为机器人编程所需的工具在 python-telegram-bot 库的 telegram.ext 模块中，它构建在 Telegram Bot API 之上。

2. 为机器人编程

这里，使用 python-telegram-bot 库的 telegram.ext 模块为机器人编程并记录 GPS 坐标。

```
  from telegram.ext import Updater, MessageHandler, Filters
  from datetime import datetime
  import csv
❶ def get_location(update, context):
    msg = None
    if update.edited_message:
      msg = update.edited_message
    else:
      msg = update.message
  ❷ gps = msg.location
    sender = msg.from_user.username
    tm = datetime.now().strftime("%H:%M:%S")
    with open(r'/HOME/PI/LOCATION_BOT/LOG.CSV', 'a') as f:
      writer = csv.writer(f)
    ❸ writer.writerow([sender, gps.latitude, gps.longitude, tm])
    ❹ context.bot.send_message(chat_id=msg.chat_id, text=str(gps))

  def main():
❺ updater = Updater('TOKEN', use_context=True)
❻ updater.dispatcher.add_handler(MessageHandler(Filters.location,
                                                 get_location))
❼ updater.start_polling()
```

```
❽ updater.idle()

if __name__ == '__main__':
    main()
```

main()函数包含实现 Telegram 机器人的脚本的常见调用。首先，创建一个 Updater 对象❺，传入授权令牌（由 BotFather 生成）。该对象在整个脚本中协调机器人程序的执行过程。然后，使用与 Updater 关联的 Dispatcher 对象为传入的消息添加一个名为 get_location()的处理程序❻。通过设置 Filters.location，向处理程序添加一个过滤器，仅当机器人接收到包含发件人位置数据的消息时才会调用它。通过调用 Updater 对象的 start_polling()方法启动机器人❼。由于 start_polling()是一种非阻断方法，因此还必须调用更新程序对象的 idle()方法❽，以便在收到消息之前阻断脚本。

脚本的开头定义了 get_location()处理程序❶。在处理程序中，将传入的消息存储为 msg，然后使用消息的 location 属性提取发送者的位置数据❷。处理程序还可以记录发送者的用户名，并生成包含当前时间的字符串。然后，使用 Python 的 csv 模块，将所有这些信息作为一行存储在 CSV 文件中❸。将位置数据传输回发送者，以便他们知道接收者已收到他们的位置❹。

3. 从机器人获取数据

在连接互联网的计算机上运行脚本。一旦运行脚本，用户可以按照几个简单的步骤开始与机器人共享他们的实时位置数据。

（1）创建 Telegram 账户。

（2）在 Telegram 中，单击机器人名称。

（3）单击回形针图标，从菜单中选择 Location。

（4）选择 Share My Location For，并设置 Telegram 与机器人共享实时位置数据的时间。选项包括 15min、1h 或 8h。

一旦用户开始共享其位置数据，机器人将开始以行的形式将该数据发送到 CSV 文件，结果可能如下所示。

```
cab_26,43.602508,39.715685,14:47:44
cab_112,43.582243,39.752077,14:47:55
cab_26,43.607480,39.721521,14:49:11
cab_112,43.579258,39.758944,14:49:51
cab_112,43.574906,39.766325,14:51:53
cab_26,43.612203,39.720491,14:52:48
```

每行的第 1 个字段包含用户名，第 2 个字段与第 3 个字段分别包含用户位置的纬度和经度，第 4 个字段包含时间戳。对于某些任务，如找到离某个上车位置最近的车，用户只需要每辆车的最新一行数据。然而，对于其他任务，如计算驾驶总距离，需要给定汽车按时间排序的多行数据。

9.2 基于 geopy 库和 Shapely 库的空间数据分析

空间数据分析通常归结为回答有关关系的问题。例如，哪个物体离某个位置最近？两个物体是否在同一区域？在本节中，我们将在出租车服务示例中使用两个 Python 库，即 geopy 和 Shapely，以回答这些常见的空间分析问题。

由于 geopy 库可以基于地理坐标进行计算，因此它特别适合回答有关距离的问题。同时，由于 Shapely 库擅长定义和分析几何平面，因此它非常适合确定对象是否位于某个区域内。这两个库都可以在为给定订单确定最优出租车的过程中发挥作用。

在继续分析出租车服务示例前，请按以下步骤安装这两个库。

```
$ pip install geopy
$ pip install shapely
```

9.2.1 查找最近的对象

我们将继续分析出租车服务示例，研究如何使用位置数据识别距离上车位置最近的出租车。首先，需要一些位置数据。如果部署了 Telegram 机器人，用户可能已经拥有一些 CSV 文件形式的数据。在这里，用户可以将数据加载到 pandas 数据框中，以便轻松对其进行排序和过滤。

```
import pandas as pd
df = pd.read_csv("HOME/PI/LOCATION_BOT/LOG.CSV", names=['cab', 'lat','long', 'tm'])
```

如果没有部署 Telegram 机器人，则可以使用一些位置数据创建元组列表，并将其加载到数据框中，如下所示。

```
import pandas as pd
locations = [
  ('cab_26',43.602508,39.715685,'14:47:44'),
  ('cab_112',43.582243,39.752077,'14:47:55'),
  ('cab_26',43.607480,39.721521,'14:49:11'),
  ('cab_112',43.579258,39.758944,'14:49:51'),
  ('cab_112',43.574906,39.766325,'14:51:53'),
  ('cab_26',43.612203,39.720491,'14:52:48')
]

df = pd.DataFrame(locations, columns =['cab', 'lat', 'long', 'tm'])
```

无论采用哪种方式，用户都会得到一个名为 df 的数据框，其中包含出租车编号、纬度、经度和时间戳。

注意　如果你想构建自己的样本位置数据集以进行操作，一个简单的方法是使用谷歌地图查找纬度和经度坐标。在地图上的某个位置上右击，该位置的纬度和经度坐标将显示在菜单中。

对于每辆出租车，数据框中都有多行，但为了找到离上车位置最近的出租车，用户需要每辆出租车的最新位置。按如下方式过滤掉不必要的行。

```
latestrows = df.sort_values(['cab','tm'],ascending=False).drop_duplicates('cab')
```

在这里，按 cab 字段和 tm 字段降序对行进行排序。首先，按 cab 列对数据集进行分组，并将每辆出租车的最新一行数据放在其对应组的第一位。然后，应用 drop_ duplicates()方法去除每辆出租车除第一行之外的其他行。得到的 latestrows 数据框如下所示。

```
        cab        lat       long        tm
5    cab_26  43.612203  39.720491  14:52:48
3   cab_112  43.574906  39.766325  14:51:53
```

现在有了一个包含每个 cab 的最新位置数据的数据框。为了方便计算，接下来将数据框转换为 Python 结构，即嵌套列表。之后，轻松地在每一行中添加新字段。

```
latestrows = latestrows.values.tolist()
```

通过 latestrows 数据框的 values 属性得到 NumPy 结构，然后使用 tolist()将其转换为嵌套列表。

现在可以计算每辆出租车与上车位置之间的距离了。使用 geopy 库（它只需几行代码）即可完成该任务。在这里，使用 geopy 库中 distance 模块的 distance()函数进行计算。

```
from geopy.distance import distance
pick_up = 43.578854, 39.754995

for i,row in enumerate(latestrows):
❶ dist = distance(pick_up, (row[1],row[2])).m
  print(row[0] + ':', round(dist))
  latestrows[i].append(round(dist))
```

为了简单起见，手动定义纬度和经度坐标以设置上车位置。实际上，使用谷歌的地理编码 API 从街道地址自动生成坐标。接下来，迭代数据集的每一行，并通过调用 distance()计算每辆出租车与上车位置之间的距离❶。distance()函数以包含纬度/经度坐标的两个元组作为参数，.m 表示距离的单位为米。下面输出每个距离的计算结果，并且将计算结果作为新字段附加到行的末尾。输出结果如下。

```
cab_112: 1015
cab_26: 4636
```

显然，cab_112 更接近上车位置。但是，如何通过编程确定这一点呢？使用 Python 内置函数 min()，如下所示。

```
closest = min(latestrows, key=lambda x: x[4])
print('The closest cab is: ', closest[0], ' - the distance in meters: ', closest[4])
```

将数据传递给 min()函数，并使用 lambda 函数根据每行索引为 4 的元素寻找最小值。索引为 4 的元素是新添加的距离。然后，以可读格式输出结果。

```
The closest cab is: cab_112 - the distance in meters: 1015
```

在本例中，我们计算了每辆出租车与上车位置之间的线段长度。虽然这些信息肯定是有用的，但现实世界中的汽车从一个地方到另一个地方几乎从来不会沿直线行驶。街道的布局意味着出租车到上车位置的实际距离将大于出租车到上车位置的线段长度。考虑到这一点，接下来，我们将使用一种更可靠的方法来匹配出租车与上车位置。

9.2.2　在特定区域中查找对象

通常，要确定一笔订单的最佳出租车，正确的问题不是“哪辆出租车最近”，而是“哪辆出租车位于包括上车位置在内的特定区域”。这不仅仅是因为两点之间的行驶距离几乎总大于两点之间的线段长度。实际上，河流或铁路等障碍物通常将地理区域划分为单独的区域，这些区域仅通过桥梁、隧道等将有限数量的点相连。这可能会使两点之间的线段长度具有高度误导性。

考虑图 9-1 所示的示例。可以看到，在这种情况下，cab_26 在直线上最接近上车位置，但由于有河流，cab_112 可能能够更快到达那里。通过查看地图，很容易地发现这一点，但是如何使用 Python 脚本得出相同的结论呢？一种方法是将该区域划分为多个较小的多边形，或由一组连接的直线包围的区域，然后检查哪些出租车与上车位置位于同一个多边形内。

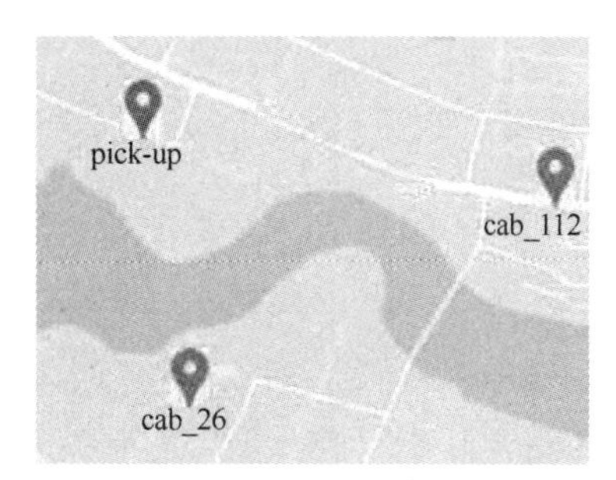

图 9-1　河流等障碍物使距离测量产生误导

在本例中，定义一个多边形，该多边形包含上车位置，沿河流有一个边界。通过谷歌地图手动识别多边形的边界：右击几个点，连接这几个点可以形成闭合多边形，记录每个点的地理坐标。获得坐标后，使用 Shapely 库在 Python 中定义多边形。

下面介绍如何通过 Shapely 库创建多边形，并检查给定点是否在该多边形内。

```
❶ from shapely.geometry import Point, Polygon

  coords = [(46.082991, 38.987384), (46.075489, 38.987599), (46.079395,
            38.997684), (46.073822, 39.007297), (46.081741, 39.008842)]
❷ poly = Polygon(coords)
❸ cab_26 = Point(46.073852, 38.991890)
  cab_112 = Point(46.078228, 39.003949)
  pick_up = Point(46.080074, 38.991289)
❹ print('cab_26 within the polygon:', cab_26.within(poly))
  print('cab_112 within the polygon:', cab_112.within(poly))
  print('pick_up within the polygon:', pick_up.within(poly))
```

首先，导入两个 Shapely 类，即 Point 和 Polygon❶。然后，使用纬度/经度元组列表创建 Polygon 对象❷。该对象表示河流以北的区域，包括上车位置。接下来，创建几个 Point 对象，分别表示 cab_26、cab_112 和上车位置❸。最后，执行 Shapely 库的一系列 within()方法以判断某个点是否在多边形内❹。代码输出的结果如下。

```
cab_26 within the polygon: False
cab_112 within the polygon: True
pick_up within the polygon: True
```

练习 9-1：定义两个或多个多边形

在前面，我们使用一个多边形覆盖地图上的一个区域。现在，尝试定义两个或多个多边形，它们覆盖被障碍物（如河流）分割的相邻城市区域。使用自己所在城市或城镇的谷歌地图，或地球上任何其他城市区域的谷歌地图，获取多边形的坐标。另外，还需要这些多边形中几个点的坐标来模拟一些出租车和上车位置。

在代码中，使用 Shapely 库定义多边形并将其放到字典中，将代表出租车的点放到另一个字典中。接下来，根据出租车所在的多边形将其划分为多组。这可以使用两个循环来实现：使用外部循环迭代多边形，使用内部循环迭代代表出租车的点，在内部循环中每次迭代时，判断出租车是否在多边形内。以下代码片段说明了如何实现这一点。

```
--snip--
cabs_dict ={}
polygons = {'poly1': poly1, 'poly2': poly2}
cabs = {'cab_26': cab_26, 'cab_112': cab_112}
for poly_name, poly in polygons.items():
  cabs_dict[poly_name] = []
  for cab_name, cab in cabs.items():
```

```
    if cab.within(poly):
      cabs_dict[poly_name].append(cab_name)
--snip--
```

接下来，确定哪个多边形包含上车位置。然后，使用多边形的名称作为键，从字典 cabs_dict 中选择相应的出租车列表。最后，使用 geopy 库确定所选多边形内的哪辆出租车最接近上车位置。

9.2.3 结合两种方法

到目前为止，我们通过计算两点之间的线段长度找到离上车位置最近的出租车，或者在指定区域内找到距离最近的出租车。事实上，找到最优出租车的最好方法可能是同时使用这两种方法。这是因为盲目地排除所有与上车位置不在同一多边形中的出租车并不一定是一个好的策略。从实际行驶距离来看，即使出租车必须绕过河流或其他障碍物，相邻多边形中的出租车也可能离上车位置最近。关键是要考虑一个多边形与另一个多边形之间的入口点。图 9-2 显示了我们可以如何考虑这一点。

图 9-2 利用入口点连接相邻区域

图 9-2 中的虚线表示两个多边形的边界。一个多边形位于河流北部，另一个多边形位于河流南部。等号表示桥，出租车可以从一个多边形移动到另一个多边形的入口点。对于与上车位置相邻的多边形中的出租车，到上车位置的距离包括两部分——出租车当前位置与入口点之间的距离，以及入口点与上车位置之间的距离。

因此，为了找到最近的出租车，确定每辆出租车所在的多边形，并以此来决定如何计算从出租车到上车位置的距离：如果出租车与上车位置位于同一个多边形中，则计算两点之间的线段长度；如果出租车位于相邻多边形中，则计算出租车与入口点之间的距离。下面的代码计算 cab_26 与上车位置之间的距离。

```
  from shapely.geometry import Point, Polygon
  from geopy.distance import distance

  coords = [(46.082991, 38.987384), (46.075489, 38.987599), (46.079395,
            38.997684), (46.073822, 39.007297), (46.081741, 39.008842)]
❶ poly = Polygon(coords)
❷ cab_26 = Point(46.073852, 38.991890)
  pick_up = Point(46.080074, 38.991289)
  entry_point = Point(46.075357, 39.000298)
```

```
if cab_26.within(poly):
❸ dist = distance((pick_up.x, pick_up.y), (cab_26.x,cab_26.y)).m
else:
❹ dist = distance((cab_26.x,cab_26.y), (entry_point.x,entry_point.y)).m +
         distance((entry_point.x,entry_point.y), (pick_up.x, pick_up.y)).m

print(round(dist))
```

上面的代码同时使用 Shapely 库和 geopy 库。首先，定义一个包含上车位置的 Polygon 对象❶。同样，可以为出租车、上车位置和入口点定义 Point 对象❷。然后，借助 geopy 库的 distance() 函数计算距离（以米为单位）。如果出租车位于多边形内，则直接计算出租车与上车位置的距离❸。如果出租车位于多边形外，首先计算出租车与入口点之间的距离，然后计算入口点与上车位置之间的距离，将它们相加得到总距离❹。结果如下。

```
1544
```

练习 9-2：进一步改进出租车订单分配算法

在本节中，我们计算了上车位置与某辆出租车之间的距离。修改代码，使其能够计算上车位置与几辆出租车之间的距离。要将代表出租车的点放到一个列表中，然后在循环中处理该列表，使用前面脚本中的 if/else 语句作为循环体。最后确定离上车位置最近的出租车。

9.3　结合空间数据和非空间数据

到目前为止，本章只用到了空间数据，但是，通常情况下，空间分析也需要考虑非空间数据。例如，如果用户不知道想要的商品目前是否有库存，那么用户知道一家商店位于自己当前位置 10km 以内有什么用？或者，回到出租车服务的示例，如果用户不知道出租车是否可用或当前是否已接单，那么用户确定离上车位置最近的出租车有什么用？在本节中，我们将学习如何将非空间数据作为空间分析的一部分。

9.3.1　提取非空间属性

当前出租车可用性信息可以从包含用车订单的数据集中获得。将订单分配给出租车后，这些信息可能会放置在 orders 数据集中。在 orders 数据集中，订单状态包括 open（正在处理）或 closed（已完成）两种。根据该方案，识别那些正在处理的订单将告诉我们哪些出租车无法接新订单。下面在 Python 中实现该目的。

```
import pandas as pd
orders = [
  ('order_039', 'open', 'cab_14'),
  ('order_034', 'open', 'cab_79'),
  ('order_032', 'open', 'cab_104'),
  ('order_026', 'closed', 'cab_79'),
  ('order_021', 'open', 'cab_45'),
  ('order_018', 'closed', 'cab_26'),
  ('order_008', 'closed', 'cab_112')
]

df_orders = pd.DataFrame(orders, columns =['order','status','cab'])
df_orders_open = df_orders[df_orders['status']=='open']
unavailable_list = df_orders_open['cab'].values.tolist()
print(unavailable_list)
```

本例使用的元组列表 orders 可能来自更完整的数据集，如过去两小时内所有订单的集合，其中包括关于每笔订单的附加信息（上车位置、下车位置、开始时间、结束时间等）。为了简单起见，这里的数据集已经简化为仅包含当前任务所需的字段。首先，将列表转换为数据框。然后，对其进行过滤，使其仅包括状态为 open 的订单。最后，将数据框转换为仅包含 cab 列的值的列表。不可用出租车列表如下所示。

```
['cab_14', 'cab_79', 'cab_104', 'cab_45']
```

有了这份清单，需要检查其他出租车，并确定哪辆车离上车位置最近。将下面的代码追加到以上脚本后面。

```
from geopy.distance import distance
pick_up = 46.083822, 38.967845
cab_26 = 46.073852, 38.991890
cab_112 = 46.078228, 39.003949
cab_104 = 46.071226, 39.004947
cab_14 = 46.004859, 38.095825
cab_79 = 46.088621, 39.033929
cab_45 = 46.141225, 39.124934
cabs = {'cab_26': cab_26, 'cab_112': cab_112, 'cab_14': cab_14,
        'cab_104': cab_104, 'cab_79': cab_79, 'cab_45': cab_45}
dist_list = []

for cab_name, cab_loc in cabs.items():
  if cab_name not in unavailable_list:
    dist = distance(pick_up, cab_loc).m
    dist_list.append((cab_name, round(dist)))
```

```
print(dist_list)
print(min(dist_list, key=lambda x: x[1]))
```

在本例中，首先，手动将上车位置和所有出租车的地理坐标定义为元组，并将出租车的坐标放到字典中，其中键是出租车名称。然后，迭代字典，对于不在 unavailable_list 列表中的每辆出租车，使用 geopy 库计算出租车与上车位置之间的距离。最后，输出可用出租车的整个列表（其元素都是元组，包含出租车名称和出租车与上车位置之间的距离），并输出离上车位置最近的出租车。结果如下。

```
[('cab_26', 2165), ('cab_112', 2861)]
('cab_26', 2165)
```

在本例中，cab_26 是离上车位置最近的可用出租车。

练习 9-3：使用列表推导式过滤数据

在本节中，通过将 orders 列表转换为数据框并过滤数据，得到不可用出租车列表。现在，尝试不使用 pandas 库，而使用列表推导式得到 unavailable_list 列表。采用这种方法，通过一行代码获得当前不可用出租车列表。

```
unavailable_list = [x[2] for x in orders if x[1] == 'open']
```

做了这个替换之后，不需要更改脚本的其余部分。

9.3.2 合并空间数据集和非空间数据集

在前面的示例中，我们将空间数据（每辆出租车的位置）和非空间数据（哪些出租车可用）保存在单独的数据结构中。然而，有时候，合并空间数据和非空间数据可能更方便进行数据分析。

除接单之外，考虑出租车可能需要满足的其他条件，例如，客户可能需要带婴儿座椅的出租车。要找到正确的出租车，需要数据集同时包含有关出租车的非空间信息和每辆出租车到上车位置的距离。对于前者，使用仅包含出租车名称和是否存在婴儿座椅两列的数据集。下面创建 cabs_list 列表。

```
cabs_list = [
 ('cab_14',1),
 ('cab_79',0),
 ('cab_104',0),
 ('cab_45',1),
```

```
 ('cab_26',0),
 ('cab_112',1)
]
```

第 2 个字段为 1 的出租车表示有婴儿座椅。接下来，将列表转换为数据框。另外，还可以用出租车列表和出租车与上车位置之间的距离创建 dist_list 数据框。

```
df_cabs = pd.DataFrame(cabs_list, columns =['cab', 'seat'])
df_dist = pd.DataFrame(dist_list, columns =['cab', 'dist'])
```

现在，基于 cab 列合并这些数据框。

```
df = pd.merge(df_cabs, df_dist, on='cab', how='inner')
```

这里使用内部连接，这意味着只有 df_cabs 和 df_dist 数据框中的出租车才能放进新的数据框中。实际上，由于 df_dist 数据框仅包含当前可用的出租车，因此将不可用的出租车从结果数据集中排除。合并的数据框现在包括空间数据（出租车到上车位置的距离）和非空间数据（出租车是否有婴儿座椅）。

```
       cab  seat  dist
0   cab_26     0  2165
1  cab_112     1  2861
```

将数据框转换为元组列表，然后对其进行过滤，只留下 seat 字段为 1 的行。

```
result_list = list(df.itertuples(index=False,name=None))
result_list = [x for x in result_list if x[1] == 1]
```

首先，使用数据框的 itertuples()方法将每一行转换为一个元组。然后，使用 list()函数将元组变换成一个列表。最后，确定 dist 字段（该字段由索引 2 标识）中具有最小值的行。

```
print(min(result_list, key=lambda x: x[2]))
```

结果如下。

```
('cab_112', 1, 2861)
```

将此结果与 9.3.1 节末尾显示的结果进行比较。可以看到，对婴儿座椅的需求让我们为新订单选择了不同的出租车。

9.4 总结

本章通过出租车服务示例说明了如何进行空间数据分析。首先，我们学习了如何使用谷歌地理编码 API 和 googlemaps 库将人类可读的地址转换为地理坐标；然后，学习了如何使用

Telegram 机器人从智能手机收集位置数据；接下来，使用 geopy 库和 Shapely 库实现基本地理空间分析操作，如测量点之间的距离和确定点是否在某个区域内。在这些库、Python 数据结构和 pandas 数据框的帮助下，我们设计了一个应用程序，它可以根据各种空间和非空间标准确定针对给定上车位置的最佳出租车。

第 10 章

分析时间序列数据

时间序列数据是按时间顺序索引的一组数据点。常见示例包括经济指数、天气记录和患者健康指标。本章将介绍时间序列分析技术，使用 pandas 库从数据中提取有意义的统计量。我们将重点分析股市数据，但同样的技术可以应用于所有类型的时间序列数据。

10.1 规则时间序列与不规则时间序列

随时间变化的任何变量都可以用于创建时间序列。用户可以定期或不定期记录这些变化。定期记录更常见。例如，在金融领域使用时间序列跟踪股票每天的价格，如下所示。

```
Date         Closing Price
-----------  -------------
16-FEB-2022  10.26
17-FEB-2022  10.34
18-FEB-2022  10.99
```

可以看到，该时间序列的 Date 列包含按时间顺序排列的时间戳。相应的数据点（通常称为观测点）构成 Closing Price 列。因为观测点是定期连续记录的，所以这种类型的时间序列称为规则或连续的。

规则时间序列的另一个常见示例是车辆的经纬度坐标集合，每分钟记录一次，如下所示。

```
Time       Coordinates
-------    ----------------
20:43:00   37.801618, -122.374308
20:44:00   37.796599, -122.379432
20:45:00   37.788443, -122.388526
```

这里的时间戳是时间，而不是日期，但它们仍然按时间顺序逐分钟记录。

与规则时间序列不同，不规则时间序列（不以固定的间隔）用于记录事件发生或计划发生时的序列。举一个简单的示例，考虑以下会议议程。

```
Time       Event
-------    ----------------
8:00 AM    Registration
9:00 AM    Morning Sessions
12:10 PM   Lunch
12:30 PM   Afternoon Sessions
```

基于每个事件预期花费的时间量，这一系列数据点的时间戳的分布是不规则的。

不规则时间序列通常用于数据不可预测的应用中。对于软件开发人员来说，典型的不规则时间序列是运行服务器或执行应用程序时遇到的错误日志。错误很难预测何时发生，而且几乎肯定不会定期发生。再举一个示例，跟踪耗电量的应用程序可以使用不规则时间序列来记录异常，如随机发生的突发事件和故障。

规则时间序列和不规则时间序列的共同点是，它们的数据点是有时间顺序的。事实上，时间序列分析取决于这一关键特性。严格的时间顺序允许用户一致地比较时间序列中的事件或值，识别关键统计量和趋势。

例如，对于股票数据，按时间顺序，跟踪股票在一段时间内的表现。对于车辆每分钟的地理坐标，用户可以使用相邻的坐标计算每分钟行驶的距离，然后使用该距离比较车辆从一分钟到下一分钟的平均速度。同时，会议议程的时间顺序可以让用户看到每个活动的预期持续时间。

在某些情况下，时间戳本身可能不用于分析时间序列。重要的是，关于序列的记录是按时间顺序排列的。考虑以下不规则时间序列，当脚本尝试使用错误的密码连接到 MySQL 数据库时，可能会返回两条连续的错误消息。

```
_mysql_connector.MySQLInterfaceError: Access denied for user
'root'@'localhost' (using password: YES)
NameError: name 'cursor' is not defined
```

第二条错误消息表示尚未定义名为 cursor 的变量。但是，只有查看前面的错误消息，才能理解问题的根源：由于密码不正确，无法建立到数据库的连接，因此无法创建 cursor 对象。

对于程序员来说，分析一系列错误消息是一项常见的任务，但通常不需要编写代码，而是手动完成的。本章其余部分将重点讨论具有数字数据点的时间序列，因为可以使用 Python 脚本轻松分析这些数据点。特别地，我们将研究如何从股市数据的规则时间序列中提取有意义的信息。

10.2 常见的时间序列分析技术

本节将介绍一些常见的时间序列分析技术。首先，需要一些股票数据。假设用户想分析一段时间内给定股票每日收盘价的时间序列。

我们可以使用 yfinance 库从 Python 脚本中获取股市数据。例如，这里收集了 TSLA（特斯拉）股票过去 5 个交易日的股票数据。

```
import yfinance as yf
ticker = 'TSLA'
tkr = yf.Ticker(ticker)
df = tkr.history(period='5d')
```

结果为 pandas 数据框形式，如下所示（日期和返回的数据会有所不同）。

```
Date            Open     High      Low    Close    Volume  Dividends  Stock Splits
2022-01-10  1000.00  1059.09   980.00  1058.11  30605000          0             0
2022-01-11  1053.67  1075.84  1038.81  1064.40  22021100          0             0
2022-01-12  1078.84  1114.83  1072.58  1106.21  27913000          0             0
2022-01-13  1109.06  1115.59  1026.54  1031.56  32403300          0             0
2022-01-14  1019.88  1052.00  1013.38  1049.60  24246600          0             0
```

可以看到，数据框是按日期索引的，这意味着数据是一个按时间顺序排列的时间序列。表示数据的列包含开盘价（Open 列）、收盘价（Close 列）、最高价（High 列）和最低价（Low 列）。同时，Volume 列显示了当天交易的股份总数，右边的两列提供了该公司向其股东发放股息和股票分拆的详细信息。

用户可能不需要所有这些列来进行分析。事实上，现在只需要 Close 列。在这里，将其输出为 pandas 序列。

```
print(df['Close'])
```

序列数据如下。

```
Date
2022-01-10    1058.11
2022-01-11    1064.40
2022-01-12    1106.21
```

```
2022-01-13   1031.56
2022-01-14   1049.60
```

现在，已经准备好开始分析时间序列数据了。我们将关注两种常见技术——计算随时间变化的百分比和在滚动时间窗口内执行聚合计算。下面介绍如何同时使用这些技术揭示数据的趋势。

10.2.1 计算百分比变化

时间序列分析技术可用于跟踪观察到的数据随时间变化的程度。在股票市场数据中，这可能涉及计算股价在特定时间间隔内的百分比变化。这样，用户可以量化股票的表现，并确定短期投资策略。

从技术上来讲，百分比变化是两个不同时间点的值之间的差异（以百分比表示）。因此，为了计算这种变化，需要移动时间点。也就是说，将较旧的数据点在时间上向前移动，使其与较新的数据点对齐。然后，比较数据点并计算百分比变化。

当时间序列为 pandas 序列或数据框时，使用 shift()方法将数据点按所需的周期数进行移位。继续分析 TSLA 股票示例，用户可能想知道该股票的收盘价在两天内发生了多大变化。在这种情况下，使用 shift(2)使两天前的收盘价与给定日期的收盘价对齐。为了直观理解移位的工作原理，这里将 Close 列向前移动两天，将结果保存为 2DaysShift，并将结果与原始 Close 列连接。

```
print(pd.concat([df['Close'], df['Close'].shift(2)], axis=1, keys= ['Close', '2DaysShift']))
```

输出结果如下。

```
Date          Close  2DaysShift
2022-01-10  1058.11         NaN
2022-01-11  1064.40         NaN
2022-01-12  1106.21     1058.11
2022-01-13  1031.56     1064.40
2022-01-14  1049.60     1106.21
```

可以看到， 2DaysShift 列的值是 Close 列移位两天的值。因为没有时间序列 2022-01-08 和 2022-01-09 两天的价格，所以 2DaysShift 的前两个值为 NaN。

要计算两天前的价格与给定日期价格之间的百分比变化，取给定日期的值与两天前的值之间的差值，然后除以两天前的值。

```
(df['Close'] - df['Close'].shift(2))/ df['Close'].shift(2)
```

然而，在财务分析中，通常将新值除以旧值，然后取结果的自然对数。当变化在[–5%, 5%]

范围内时，这种方式的计算结果与百分比变化几乎一样；当变化达到[–20%, 20%]时，这种方式的计算结果与百分比变化也比较接近。在这里，使用自然对数计算两天的百分比变化，并将结果存储为df数据框中名为2daysRise的新列中。

```
import numpy as np
df['2daysRise'] = np.log(df['Close'] / df['Close'].shift(2))
```

获得一天的收盘价，并将其除以两个交易日前的收盘价（通过shift(2)获得），然后用NumPy的log()函数取结果的自然对数。现在，输出df数据框的Close列和2daysRise列。

```
print(df[['Close','2daysRise']])
```

输出的时间序列如下。

```
Date          Close   2daysRise
2022-01-10  1058.11        NaN
2022-01-11  1064.40        NaN
2022-01-12  1106.21   0.044455
2022-01-13  1031.56  -0.031339
2022-01-14  1049.60  -0.052530
```

2daysRise列显示了某天股票与两天前相比的百分比变化。因为时间序列中没有2022-01-08和2022-01-09的股价，所以2daysRise列的前两个值是NaN。

10.2.2 滚动窗口计算

另一种常见的时间序列分析技术是将每个值与 *n* 个周期的平均值进行比较。这称为滚动窗口计算：创建一个固定大小的时间窗口，移动或滚动时间窗口，对时间窗口内的值执行聚合计算。对于股票数据，使用滚动窗口计算前两天的平均收盘价，然后将当天的收盘价与平均收盘价进行比较。这可以让用户直观看到随着时间的推移股票价格的稳定性。

每个pandas对象都有一个rolling()方法，该方法用于查看滚动窗口内的值。在这里，使用rolling()与shift()、mean()，计算特斯拉两天的平均股价。

```
df['2daysAvg'] = df['Close'].shift(1).rolling(2).mean()
print(df[['Close', '2daysAvg']])
```

在第1行中，使用shift(1)将序列的数据点向前移动一天。这样做可以在计算两天的平均值时，排除当天的价格。接下来，使用rolling(2)滚动窗口，这表示计算时使用两个连续行的值。最后，调用mean()方法计算滚动窗口覆盖的连续行的平均值，将结果存储在一个名为2daysAvg的新列中。生成的数据框如下所示。

```
Date          Close 2daysAvg
2022-01-10  1058.11      NaN
2022-01-11  1064.40      NaN
2022-01-12  1106.21  1061.26
2022-01-13  1031.56  1085.30
2022-01-14  1049.60  1068.89
```

2daysAvg 列的值是前两个交易日的平均值。例如，索引 2022-01-12 对应的 2daysAvg 行的值是 2022-01-10 和 2022-01-11 的平均股价。

10.2.3 计算滚动平均值的百分比变化

给定前两天收盘价的滚动平均值，计算每天价格与其相应滚动平均值之间的百分比变化。在这里，再次使用自然对数来近似百分比变化。

```
df['2daysAvgRise'] = np.log(df['Close'] / df['2daysAvg'])
print(df[['Close','2daysRise','2daysAvgRise']])
```

将结果存储在名为 2daysAvgRise 的新列中。然后，同时输出 Close 列、2daysRise 列和 2daysAvgRise 列。输出结果如下。

```
Date          Close  2daysRise  2daysAvgRise
2022-01-10  1058.11        NaN           NaN
2022-01-11  1064.40        NaN           NaN
2022-01-12  1106.21   0.044455      0.041492
2022-01-13  1031.56  -0.031339     -0.050793
2022-01-14  1049.60  -0.052530     -0.018202
```

对于这个特定的时间序列，两个新创建的指标 2daysRise 和 2daysAvgRise 都显示负值与正值，这表明该股票的收盘价在整个观察期内波动较大。

10.3 多元时间序列

多元时间序列是具有多个随时间变化的变量的时间序列。例如，当通过 yfinance 库获得特斯拉股票数据时，它是一个多元时间序列，因为它不仅包括股票的收盘价，还包括股票的开盘价、最高价和最低价，以及每天的其他几个特征值。在这种情况下，多元时间序列包含同一对象（单个股票）的多个特征。其他多元时间序列可能包含多个不同对象的同一特征，如在同一时间段内收集的多只股票的收盘价。

在下面的脚本中，创建了第二种类型的多元时间序列，获得了多只股票最近 5 天的数据。

```
  import pandas as pd
  import yfinance as yf
```

```
❶ stocks = pd.DataFrame()
❷ tickers = ['MSFT','TSLA','GM','AAPL','ORCL','AMZN']
❸ for ticker in tickers:
    tkr = yf.Ticker(ticker)
    hist = tkr.history(period='5d')
  ❹ hist = pd.DataFrame(hist[['Close']].rename(columns={'Close': ticker}))
  ❺ if stocks.empty:
    ❻ stocks = hist
    else:
    ❼ stocks = stocks.join(hist)
```


首先，定义 stocks 数据框❶，多只股票的收盘价将会保存在该数据框中。然后，定义一个 tickers 列表❷，并在列表上迭代❸，从 yfinance 库获取每只股票最近 5 天的数据。在循环中，提取从 yfinance 库返回的 hist 数据框中包含给定股票收盘价的列，以及作为索引的相应时间戳❹。判断 stocks 数据框是否为空数据框❺。如果为空数据框，说明这是第一次进入循环，因此使用 hist 数据框初始化 stocks 数据框❻。在随后的迭代中，stocks 数据框不会为空数据框，因此将当前数据框添加到 stocks 数据框中，即将另一个股票收盘价添加到数据集中❼。由于无法在空数据框上执行连接操作，因此需要 if/else 结构。

生成的 stocks 数据框如下。

```
Date          MSFT     TSLA      GM     AAPL    ORCL    AMZN
2022-01-10  314.26  1058.11  61.07  172.19  89.27  3229.71
2022-01-11  314.98  1064.40  61.45  175.08  88.48  3307.23
2022-01-12  318.26  1106.21  61.02  175.52  88.30  3304.13
2022-01-13  304.79  1031.56  61.77  172.19  87.79  3224.28
2022-01-14  310.20  1049.60  61.09  173.07  87.69  3242.76
```

现在有了一个多元时间序列，在相同的时间跨度内，不同的列显示不同股票的收盘价。

10.3.1 处理多元时间序列

处理多元时间序列类似于处理单元时间序列，唯一的不同是你必须处理每行中的几个变量。因此，计算通常发生在循环内，循环用于迭代序列的列。例如，假设用户想过滤 stocks 数据框，剔除价格在给定时间段内至少一次低于前一天价格某个阈值（如 3%）以上的股票。在这里，需要迭代列并分析每只股票的数据，以确定哪些股票应保留在 stocks 数据框中。

```
❶ stocks_to_keep = []
❷ for i in stocks.columns:
   if stocks[stocks[i]/stocks[i].shift(1)< .97].empty:
     stocks_to_keep.append(i)
   print(stocks_to_keep)
```

首先，创建一个列表，用于保存要保留的列名❶。然后，迭代 stocks 数据框的列❷，确定每列是否包含比前一天的值低 3%以上的值。具体来说，使用运算符[]过滤数据框，并使用 shift() 方法将每天的收盘价与前一天的收盘价进行比较。如果列不包含任何符合过滤条件的值（即过滤的列为空列），则将列名追加到 stocks_to_keep 列表中。

对于 stocks 数据框，生成的 stocks_ to_keep 列表如下所示。

```
['GM', 'AAPL', 'ORCL', 'AMZN']
```

可以看到，TSLA 列和 MSFT 列不在列表中，因为它们包含一个或多个比前一天的收盘价下跌 3%以上的值。当然，你自己的结果会有所不同；你可能会得到一个空列表或包含所有股票代码的列表。在这种情况下，尝试使用不同的阈值过滤。如果列表为空列表，请尝试将阈值从 0.97 降低到 0.96 或更低。如果列表包含所有股票代码，请尝试更大的阈值。

在这里，输出 stocks 数据框，使其仅包括 stocks_to_keep 列表的列。

```
print(stocks[stocks_to_keep])
```

在本例中，输出如下所示。

```
Date          GM     AAPL   ORCL   AMZN
2022-01-10  61.07  172.19  89.27  3229.71
2022-01-11  61.45  175.08  88.48  3307.23
2022-01-12  61.02  175.52  88.30  3304.13
2022-01-13  61.77  172.19  87.79  3224.28
2022-01-14  61.09  173.07  87.69  3242.76
```

正如预期的，TSLA 列和 MSFT 列已被过滤，因为它们包含一个或多个下跌超过波动阈值 3%的值。

10.3.2 分析变量之间的依赖性

多元时间序列分析的一项常见任务是分析数据集中不同变量之间的关系。这些关系可能存在，也可能不存在。例如，股票的开盘价与收盘价之间可能存在某种程度的相关性，因为在给定的一天收盘价与开盘价的差异很少超过 10%。另外，你可能不会发现来自不同部门的两只股票的收盘价之间存在依赖性。

在本节中，我们将学习一些分析时间序列变量之间依赖性的技术。作为示例，我们将分析股票价格的变化与其成交量之间是否存在依赖性。首先，运行以下脚本以获取一个月的股票数据。

```
import yfinance as yf
import numpy as np
```

```
ticker = 'TSLA'
tkr = yf.Ticker(ticker)
df = tkr.history(period='1mo')
```

可以看到，从 yfinance 库获得多元时间序列，并另存为数据框的形式，其中包含许多列。在本例中，只需要其中两列——Close 列和 Volume 列。在这里，相应地减少 df 数据框的列，并将 Close 列的名称更改为 Price。


```
df = df[['Close','Volume']].rename(columns={'Close': 'Price'})
```

为了确定 Price 列和 Volume 列之间是否存在关系，要计算每列中每天的百分比变化。使用 shift(1)和 NumPy 函数 log()计算 Price 列的每日百分比变化，并将结果存储在 priceRise 列中。

```
df['priceRise'] = np.log(df['Price'] / df['Price'].shift(1))
```

使用相同方法得到 volumeRise 列，该列显示与前一天相比的成交量变化百分比。

```
df['volumeRise'] = np.log(df['Volume'] / df['Volume'].shift(1))
```

自然对数提供了[–20%, 20%]范围内百分比变化的近似值。虽然 volumeRise 列的某些值可能会远远超出此范围，但是在这里仍然可以使用 log()函数，因为本例中的数值不需要高精度。股票市场分析通常更侧重于预测趋势，而不关心值的精度。

如果现在输出 df 数据框，它将如下所示。

```
Date          Price    Volume  priceRise volumeRise
2021-12-15   975.98  25056400        NaN        NaN
2021-12-16   926.91  27590500  -0.051585   0.096342
2021-12-17   932.57  33479100   0.006077   0.193450
2021-12-20   899.94  18826700  -0.035616  -0.575645
2021-12-21   938.53  23839300   0.041987   0.236059
2021-12-22  1008.86  31211400   0.072271   0.269448
2021-12-23  1067.00  30904400   0.056020  -0.009885
2021-12-27  1093.93  23715300   0.024935  -0.264778
2021-12-28  1088.46  20108000  -0.005013  -0.165003
2021-12-29  1086.18  18718000  -0.002097  -0.071632
2021-12-30  1070.33  15680300  -0.014700  -0.177080
2021-12-31  1056.78  13528700  -0.012750  -0.147592
2022-01-03  1199.78  34643800   0.126912   0.940305
2022-01-04  1149.58  33416100  -0.042733  -0.036081
2022-01-05  1088.11  26706600  -0.054954  -0.224127
2022-01-06  1064.69  30112200  -0.021758   0.120020
2022-01-07  1026.95  27919000  -0.036090  -0.075623
2022-01-10  1058.11  30605000   0.029891   0.091856
2022-01-11  1064.40  22021100   0.005918  -0.329162
```

```
2022-01-12  1106.21  27913000   0.038537   0.237091
2022-01-13  1031.56  32403300  -0.069876   0.149168
2022-01-14  1049.60  24246600   0.017346  -0.289984
```

如果价格与成交量之间存在依赖性，则可以预计价格高于平均水平的变化（即波动性增加）与成交量高于平均水平的变化的相关性。要查看是否存在这种情况，为 priceRise 列设置一些阈值，并仅查看价格变化百分比高于该阈值的行。在本例中，为了查看 priceRise 列的值，选择 5%作为阈值。对于另一个数据集，可能会建议另一个阈值，如 3%或 7%。主要思想是只有少数记录应超过阈值，因此一般来说，股票波动性越大，阈值越高。下面输出价格上涨超过阈值的行。

```
print(df[abs(df['priceRise']) > .05])
```

使用 abs()函数获取百分比变化的绝对值，例如，0.06 和−0.06 都满足此处指定的条件。考虑上面的数据，将得到以下结果。

```
Date          Price    Volume  priceRise  volumeRise
2021-12-16   926.91  27590500  -0.051585    0.096342
2021-12-22  1008.86  31211400   0.072271    0.269448
2021-12-23  1067.00  30904400   0.056020   -0.009885
2022-01-03  1199.78  34643800   0.126912    0.940305
2022-01-05  1088.11  26706600  -0.054954   -0.224127
2022-01-13  1031.56  32403300  -0.069876    0.149168
```

接下来，计算整个序列的平均成交量变化。

```
print(df['volumeRise'].mean().round(4))
```

对于本例，结果如下。

```
-0.0016
```

最后，计算价格变化高于平均值的行的平均成交量变化。如果结果大于整个序列的平均成交量变化，预示着价格波动性增加和成交量增加之间存在联系。

```
print(df[abs(df['priceRise']) > .05]['volumeRise'].mean().round(4))
```

结果如下。

```
0.2035
```

可以看到，在过滤的序列的基础上计算的平均成交量变化远高于在整个序列上计算的平均成交量变化。这表明价格波动和成交量波动之间可能存在正相关性。

练习 10-1：添加更多指标分析依赖性

继续考虑本节的示例，注意，尽管 priceRise 列与 volumeRise 列之间可能存在关系，但结果并不太清晰易懂。例如，2022 年 12 月 16 日，价格下降了约 5%，成交量上升了约 10%，但在 2022 年 1 月 5 日，几乎相同的价格下降伴随着成交量下降了约 22%。

为了理解这些差异，需要查看更多可能与成交量相关的指标。例如，通过滚动窗口计算过去两天的成交量之和可能会有一些有趣的结论。我们的猜想是，如果一天的成交量超过（或几乎等于）过去两天的成交量之和，那么可能不应该期望第二天的成交量进一步增长。也就是说，滚动窗口计算可以帮助预测成交量的趋势。

为了测试该猜想是否成立，首先向 df 数据框中添加 volumeSum 列以保存滚动窗口计算结果。

```
df['volumeSum'] = df['Volume'].shift(1).rolling(2).sum().fillna(0).astype(int)
```

将数据点移动一天，以从计算的总和中排除当天的成交量。然后，创建一个为期两天的滚动窗口，并使用 sum()计算该窗口内的总成交量。默认情况下，新列的值是浮点值，但可以使用 astype()将其转换为整数。在转换前，通过 fillna()方法将 NaN 替换为 0。

现在，有了 volumeSum 指标，再次看看序列中涨跌幅较大的几天。

```
print(df[abs(df['priceRise']) > .05].replace(0, np.nan).dropna())
```

对于本例使用的数据，现在添加了 volumeSum 列，再次列出价格与前一天相比变化超过 5%的日期。

```
Date          Price    Volume  priceRise  volumeRise volumeSum
2021-12-22  1008.86  31211400   0.072271    0.269448  42666000
2021-12-23  1067.00  30904400   0.056020   -0.009885  55050700
2022-01-03  1199.78  34643800   0.126912    0.940305  29209000
2022-01-05  1088.11  26706600  -0.054954   -0.224127  68059900
2022-01-13  1031.56  32403300  -0.069876    0.149168  49934100
```

volumeSum 列的值表明，前两天的总成交量较低，与当日成交量增长或下降的可能性较高相关，反之亦然。例如，观察 2022 年 1 月 3 日的数据：这一天的 volumeRise 值是最高的，而 volumeSum 值是最低的。事实上，这一天的成交量几乎等于前两天（2021 年 12 月 30 日和 2021 年 12 月 31 日）的成交量总和，显示出显著的增长。

然而，最初的假设是，在这样的日子里，如果成交量超过（或大致匹配）过去两天成交量的总和，我们不应该期望第二天的成交量进一步增长。为了确认这一点，添加一列，显示第二天的成交量。

```
df['nextVolume'] = df['Volume'].shift(-1).fillna(0).astype(int)
print(df[abs(df['priceRise']) > .05].replace(0, np.nan).dropna())
```

通过将成交量移动–1 个单位来创建 nextVolume 列。也就是说，将第二天的成交量向后移动一行，并与当天对齐。输出结果如下。

```
Date          Price    Volume  priceRise volumeRise volumeSum nextVolume
2021-12-22  1008.86  31211400   0.072271   0.269448  42666000   30904400
2021-12-23  1067.00  30904400   0.056020  -0.009885  55050700   23715300
2022-01-03  1199.78  34643800   0.126912   0.940305  29209000   33416100
2022-01-05  1088.11  26706600  -0.054954  -0.224127  68059900   30112200
2022-01-13  1031.56  32403300  -0.069876   0.149168  49934100   24246600
```

可以看到，对于 2022 年 1 月 3 日，猜想是正确的：nextVolume 的值小于 Volume 的值。然而，为了使分析准确，可能需要更多的指标。尝试添加另一个指标——前两天的 priceRise 的和。如果该值为正值，这意味着价格在过去两天处于上升趋势；如果该值为负值，这意味着价格下跌。将此新指标与现有的 priceRise 和 volumeSum 指标一起使用，了解它们如何共同影响 volumeRise 列的值。

10.4　总结

时间序列数据是按时间顺序排列的数据集，其中一个或多个变量随时间变化。以股市数据为例，本章介绍了一些使用 pandas 库分析时间序列数据的技术，从中得出了有用的统计量；介绍了如何在时间序列中移动数据点，以计算随时间的变化；还讲述了如何在整个序列中移动固定时间间隔以执行滚动窗口计算或聚合。总之，这些技术可以帮助我们对数据的趋势做出判断。最后，本章介绍了在多元时间序列中识别不同变量之间依赖性的方法。

第 11 章

从数据中挖掘信息

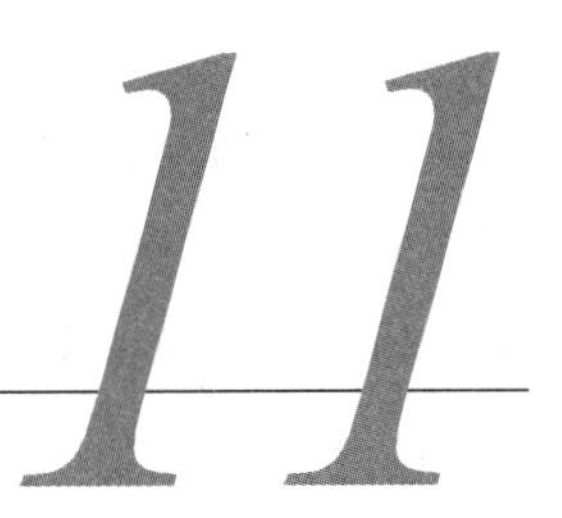

公司每天以原始数字、图片和事件的形式生成大量数据，但所有这些数据真正告诉你什么？要从数据中提取知识，挖掘信息，需要对数据进行转换、分析和可视化。换句话说，用户需要将原始数据转化为有意义的信息，用于决策、回答问题和解决问题。

以超市为例，超市收集客户的大量交易数据。超市的分析师可能对研究这些数据感兴趣，以深入了解客户的购买偏好。特别地，他们可能希望执行购物篮分析，这是一种数据挖掘技术，用于分析交易并识别客户经常会一起购买的商品。有了这些知识，超市可以做出更明智的商业决策，如超市中商品的布局，或者如何将商品捆绑打折。

在本章中，我们将详细探讨这个示例，学习如何通过使用 Python 实现购物篮分析，从交易数据中挖掘信息。我们将学习如何使用 mlxtend 库和 Apriori 算法来识别客户通常一起购买的商品，并将学习如何利用这些知识做出明智的业务决策。

虽然识别买家偏好将是本章的重点，但是这并不是购物篮分析的唯一应用。该技术还用于通信、Web 使用挖掘、银行和医疗保健等领域。例如，在 Web 使用挖掘中，购物篮分析可以确定 Web 页面的用户下一步可能会访问哪里，并生成客户经常一起访问的页面的关联。

11.1 关联法则

购物篮分析基于对象在相同交易中同时发生来衡量对象之间关系的强度。对象之间的关系表示为如下关联规则。

```
X -> Y
```

X 与 Y 分别称为规则的先导（antecedent）和后继（consequent），表示不同的商品集合，或来自正在挖掘的交易数据中一件或多件商品构成的组。例如，描述凝乳与酸奶油之间关系的关联规则如下所示。

```
curd -> sour cream
```

在这种情况下，凝乳是先导，酸奶油是后继。这条规定表明购买凝乳的人也可能购买酸奶油。

就其本身而言，像这样的关联规则实际上并不能告诉用户很多信息。购物篮分析的关键是基于各种指标使用交易数据评估关联规则的强度。我们使用一个简单的示例说明该问题。假设有 100 笔交易，其中 25 笔包括凝乳，30 笔包括酸奶油。在 30 笔包括酸奶油的交易中，有 20 笔交易也包括凝乳。表 11-1 总结了这些数字。

表 11-1　关于凝乳和酸奶油的交易数字

交易次数	25	30	20
商品	凝乳	酸奶油	凝乳和酸奶油

给定这些交易数据，我们可以使用支持度、置信度、提升度等指标来评估关联规则 curd->sour cream 的强度。这些指标将帮助我们衡量凝乳与酸奶油之间是否真的存在关联。

11.1.1　支持度

支持度是一件或多件商品的交易次数占总交易次数的比例。在交易数据示例中，curd 的支持度的计算方式如下。

```
support(curd) = curd/total = 25/100 = 0.25
```

对于关联规则，支持度是包括先导和后继的交易次数占总交易次数的比例。因此，curd->sour cream 关联规则的支持度的计算方式如下。

```
support(curd -> sour cream) = (curd & sour cream)/total = 20/100 = 0.2
```

支持度的范围为 0～1，表示商品出现的百分比。对于 curd->sour cream 关联规则的支持度，我们可以看到 20%的交易同时包括凝乳和酸奶油。对于任何给定的关联规则，支持度是对称的；也就是说，curd->sour scream 的支持度与 sour cream->curd 的支持度是一样的。

11.1.2　置信度

关联规则的置信度是购买先导和后继的交易次数与购买先导的交易次数的比例。curd->sour scream 关联规则的置信度的计算方式如下。

```
confidence(curd -> sour cream) = (curd & sour cream)/curd = 20/25 = 0.8
```

如果客户购买了凝乳，他们也购买酸奶油的可能性为 80%。

与支持度一样，置信度的范围为 0～1。与支持度不同，置信度是不对称的。这意味着规则 curd->sour scream 的置信度可能不同于规则 sour cream->curd 的置信度。例如：

```
confidence(sour cream -> curd) = (curd & sour cream)/sour cream = 20/30 = 0.66
```


在本例中，当关联规则的先导和后继反转时，我们得到了较低的置信值。这意味着，买酸奶油的人也会买凝乳的可能性比买凝乳的人也会买酸奶油的可能性小。

11.1.3 提升度

提升度衡量关联规则与商品随机同时出现的规则相比的强度。关联规则 curd->sour scream 的提升度是观察到的 curd->sour scream 的支持度与凝乳和酸奶油独立时的支持度的比例。提升度的计算方式如下。

```
lift(sour cream -> curd) = support(curd & sour cream)/(support(curd)*support(sour cream))
                         = 0.2/(0.25*0.3) = 2.66
```

提升度是对称的。如果交换先导和后继，提升度保持不变。提升度的范围为 0 到无穷大，提升度越大，关联越强。特别是，提升度大于 1 表明先导与后继之间的关联性比它们独立时的更强，这意味着两件商品通常一起购买。提升度等于 1 表示先导与后继之间没有关联性。提升度小于 1 表明先导与后继之间存在负关联性，这意味着它们不太可能一起购买。在本例中，将提升度 2.66 解释为，当客户购买凝乳时，他们也会购买酸奶油的期望值增加 166%。

11.2 Apriori 算法

我们已经了解了什么是关联规则，并学习了一些用于评估其强度的指标，但是在实际购物篮分析中如何生成关联规则呢？一种方法是使用 Apriori 算法，这是一种自动分析交易数据的算法。一般来说，实现该算法包括两个步骤。

（1）识别数据集中出现在许多交易中的所有常购商品集或包含一件或多件商品的组。该算法通过查找支持度超过某个阈值的所有商品或商品组来实现这一点。

（2）通过考虑每个商品集所有可能二元分区（即商品集的所有先导组和后继组分区）为这些常购商品集生成关联规则，并计算每个分区的一组关联度量。

生成关联规则后，根据支持度对其进行评估。

一些第三方 Python 库可以实现 Apriori 算法。其中一个库是 mlxtend（machine learning extensions）库，mlxtend 库包括许多执行常见数据科学任务的工具。在本节中，我们将在一个购物篮分析示例中使用 mlxtend 库实现 Apriori 算法。首先，用 pip 安装 mlxtend 库，如下所示。

```
$ pip install mlxtend
```

注意　有关 mlxtend 的更多信息，请参阅 GitHub 网站。

11.2.1　创建交易数据集

要进行购物篮分析，需要一些交易数据。为了简单起见，只使用一些交易数据，把它们定义为 transactions 列表，如下所示。

```
transactions = [
 ['curd', 'sour cream'], ['curd', 'orange', 'sour cream'],
 ['bread', 'cheese', 'butter'], ['bread', 'butter'], ['bread', 'milk'],
 ['apple', 'orange', 'pear'], ['bread', 'milk', 'eggs'], ['tea', 'lemon'],
 ['curd', 'sour cream', 'apple'], ['eggs', 'wheat flour', 'milk'],
 ['pasta', 'cheese'], ['bread', 'cheese'], ['pasta', 'olive oil', 'cheese'],
 ['curd', 'jam'], ['bread', 'cheese', 'butter'],
 ['bread', 'sour cream', 'butter'], ['strawberry', 'sour cream'],
 ['curd', 'sour cream'], ['bread', 'coffee'], ['onion', 'garlic']
]
```

每个内部列表包括一笔交易中的商品集。transactions 列表共包括 20 笔交易。为了保持凝乳/酸奶油示例中定义的定量比例，交易数据集包括 5 笔购买凝乳的交易、6 笔购买酸奶油的交易以及 4 笔同时购买凝乳和酸奶油的交易。

要通过 Apriori 算法分析交易数据，需要将交易数据转换为一个独热码布尔数组（one-hot encoded Boolean array），该结构的每列表示可以购买的商品，每行表示一笔交易，数组的每个值要么为 True，要么为 False（如果交易包含某一特定商品，则为 True；否则，为 False）。在这里，使用 mlxtend 库的 TransactionEncoder 对象进行转换。

```
  import pandas as pd
  from mlxtend.preprocessing import TransactionEncoder

❶ encoder = TransactionEncoder()
❷ encoded_array = encoder.fit(transactions).transform(transactions)
❸ df_itemsets = pd.DataFrame(encoded_array, columns=encoder.columns_)
```

首先，创建一个 TransactionEncoder 对象❶，并使用它将二维列表 transactions 转换为一个独热码布尔数组，称为 encoded_array❷。然后，将该数组转换为名为 df_itemsets 的 pandas 数据框❸，部分结果如下所示。

```
    apple  bread  butter cheese coffee   curd   eggs  ...
0   False  False  False   False  False   True  False  ...
1   False  False  False   False  False   True  False  ...
2   False   True   True    True  False  False  False  ...
3   False   True   True   False  False  False  False  ...
4   False   True  False   False  False  False  False  ...
5    True  False  False   False  False  False  False  ...
6   False   True  False   False  False  False   True  ...
--snip--

[20 rows x 20 columns]
```

数据框有 20 行和 20 列，其中行表示交易，列表示商品。使用以下代码确认 transactions 列表包括 20 笔交易和 20 件商品。

```
print('Number of transactions: ', len(transactions))
print('Number of unique items: ', len(set(sum(transactions, []))))
```

上面的代码的计算结果是两个 20。

11.2.2 识别频繁项集

现在使用 mlxtend 库的 apriori()函数识别交易数据中的所有常购商品集，即所有具有足够高支持度的商品或商品组。代码如下。

```
from mlxtend.frequent_patterns import apriori
frequent_itemsets = apriori(df_itemsets, min_support=0.1, use_colnames=True)
```

首先，从 mlxtend.frequent_patterns 模块中载入 apriori()函数。然后，调用该函数，将包含交易数据的数据框作为第一个参数。设置 min_support 参数为 0.1，表示返回的商品或者商品组支持度至少为 10%（支持度表示一个商品或商品组发生的交易的百分比）。将 use_ colnames 设置为 True，以按名称（如 curd 或 sour cream）而不是按索引号标识每个商品集包含的列。apriori()函数返回以下数据框。

```
    support          itemsets
0      0.10           (apple)
1      0.40           (bread)
2      0.20          (butter)
3      0.25          (cheese)
4      0.25            (curd)
5      0.10            (eggs)
6      0.15            (milk)
7      0.10          (orange)
8      0.10           (pasta)
```

```
9         0.30              (sour cream)
10        0.20            (bread, butter)
11        0.15            (bread, cheese)
12        0.10              (bread, milk)
13        0.10           (cheese, butter)
14        0.10            (pasta, cheese)
15        0.20        (sour cream, curd)
16        0.10               (milk, eggs)
17        0.10    (bread, cheese, butter)
```

一个商品集可以由一件或多件商品组成。实际上，apriori()已返回多个仅包含单件商品的商品集。虽然，最终 mlxtend 库在生成关联规则时将省略这些仅包含单件商品的商品集，但仍需要所有常购商品集（包括具有一件商品的商品集）的数据才能成功生成规则。不过，出于好奇，此时用户可能希望只查看具有多件商品的商品集。为此，首先向 frequent_itemsets 数据框中添加 length 列，如下所示。

```
frequent_itemsets['length'] = frequent_itemsets['itemsets'].apply(lambda itemset: len(itemset))
```

然后，使用 pandas 库的筛选语法过滤出长度为 2 或更长的行。

```
print(frequent_itemsets[frequent_itemsets['length'] >= 2])
```

我们将看到如下不包含单件商品的商品集。

```
10   0.20          (bread, butter)     2
11   0.15          (bread, cheese)     2
12   0.10            (bread, milk)     2
13   0.10         (cheese, butter)     2
14   0.10          (pasta, cheese)     2
15   0.20      (sour cream, curd)      2
16   0.10             (milk, eggs)     2
17   0.10  (bread, cheese, butter)     3
```

然而，当 mlxtend 库生成关联规则时，需要关于所有常购商品集的信息。因此，请确保实际上没有从原始 frequent_itemsets 数据框中删除任何行。

11.2.3 生成关联规则

我们已经找到了所有满足条件支持度阈值的商品集。Apriori 算法的第二步是为这些商品集生成关联规则。使用 mlxtend 库中 frequent_patterns 模块的 association_rules()函数实现这个目标。

```
from mlxtend.frequent_patterns import association_rules
rules = association_rules(frequent_itemsets, metric="confidence", min_threshold=0.5)
```

这里调用 association_rules()函数，以传入的 frequent_itemsets 数据框作为第一个参数。另外，还可以选择用于评估规则的指标，并为该指标设置阈值。在本例中，association_rules()函数只返回置信度为 0.5 或更高的关联规则。association_rules()函数在生成关联规则时将自动跳过仅包括单件商品的商品集。

association_rules()函数返回生成的规则，保存为 rules 数据框，其中每一行代表一条关联规则。rules 数据框中有先导、后继和关于多个指标（包括支持度、置信度和提升度）的列。用以下代码输出 rules 数据框的前 7 列。


```
print(rules.iloc[:,0:7])
```

结果如下。

```
        antecedents    consequents  antecedent sup.  consequent sup.  support  confidence      lift
0           (bread)       (butter)             0.40             0.20     0.20    0.500000  2.500000
1          (butter)        (bread)             0.20             0.40     0.20    1.000000  2.500000
2          (cheese)        (bread)             0.25             0.40     0.15    0.600000  1.500000
3            (milk)        (bread)             0.15             0.40     0.10    0.666667  1.666667
4          (butter)       (cheese)             0.20             0.25     0.10    0.500000  2.000000
5           (pasta)       (cheese)             0.10             0.25     0.10    1.000000  4.000000
6      (sour cream)         (curd)             0.30             0.25     0.20    0.666667  2.666667
7            (curd)   (sour cream)             0.25             0.30     0.20    0.800000  2.666667
8            (milk)         (eggs)             0.15             0.10     0.10    0.666667  6.666667
9            (eggs)         (milk)             0.10             0.15     0.10    1.000000  6.666667
10 (bread, cheese)       (butter)             0.15             0.20     0.10    0.666667  3.333333
11 (bread, butter)       (cheese)             0.20             0.25     0.10    0.500000  2.000000
12(cheese, butter)        (bread)             0.10             0.40     0.10    1.000000  2.500000
13        (butter)(bread, cheese)             0.20             0.15     0.10    0.500000  3.333333

[14 rows x 7 columns]
```

可以看到，有些关联规则似乎是多余的。例如，同时存在 bread->butter 和 butter->bread。同样，基于（bread,cheese,butter）商品集也生成了一些关联规则。部分原因是置信度是不对称的。如果在规则中交换先导和后继，则置信度的值可能会改变。此外，对于包括 3 件商品的商品集，提升度可能因哪些商品是先导的一部分和哪些商品是后继的一部分而改变。因此，(bread, cheese) ->butter 和(bread， butter) ->cheese 具有不同的提升度。

11.3 可视化关联规则

可视化是一种简单而强大的数据分析技术。在购物篮分析中，可视化提供了一种方法以方便地查看不同关联规则的度量，评估一组关联规则的强度。在本节中，使用 Matplotlib 库将前面生成的关联规则可视化为带注释的热图。

热图是一种类似于网格的图，其中单元格用颜色编码表示其值。在本例中，将创建一幅热图，显示各种关联规则的提升度。将沿 y 轴排列先导，沿 x 轴排列后继，并用颜色填充规则的先导和后继相交的区域，以表示该规则的提升度。颜色越深，提升度越高。

注意 在本例中，我们将提升度可视化，因为它是评估关联规则的常用指标。然而，用户可以选择可视化不同的指标，如置信度。

要创建可视化图形，首先创建一个空数据框，将之前创建的 rules 数据框的先导、后继和提升度复制到其中。

```
rules_plot = pd.DataFrame()
rules_plot['antecedents']= rules['antecedents'].apply(lambda x: ','.join(list(x)))
rules_plot['consequents']= rules['consequents'].apply(lambda x: ','.join(list(x)))
rules_plot['lift']= rules['lift'].apply(lambda x: round(x, 2))
```

使用 lambda 函数将 rules 数据框的先导和后继的值转换为字符串，使它们更容易在可视化中用作标签。rules 数据框的先导和后继的值是固定集合，是不可变版本。使用 lambda 函数将提升值四舍五入到小数点后两位。

接下来，将新创建的 rules_plot 数据框转换为一个矩阵，沿水平方向排列后继，沿垂直方向排列先导。该矩阵将用于创建热图。为此，使用 rules_plot 数据框的 pivot()方法变换 rules_plot，使 antecedents 列的唯一值形成索引，使 consequents 列的唯一值成为列，而 lift 列的值用于填充变换后的数据框的值。结果如下所示。

```
pivot = rules_plot.pivot(index = 'antecedents', columns = 'consequents', values= 'lift')
```

上面的代码指定 antecedents 列和 consequents 列为 pivot 数据框的轴，设置 lift 列为值。输出 pivot 数据框，如下所示。

```
consequents     bread  butter  cheese cheese,bread  curd  eggs  milk  sour cream
antecedents
bread             NaN    2.50    NaN           NaN   NaN   NaN   NaN         NaN
bread,butter      NaN     NaN    2.0           NaN   NaN   NaN   NaN         NaN
butter           2.50     NaN    2.0          3.33   NaN   NaN   NaN         NaN
cheese           1.50     NaN    NaN           NaN   NaN   NaN   NaN         NaN
cheese,bread      NaN    3.33    NaN           NaN   NaN   NaN   NaN         NaN
cheese,butter    2.50     NaN    NaN           NaN   NaN   NaN   NaN         NaN
curd              NaN     NaN    NaN           NaN   NaN   NaN   NaN        2.67
eggs              NaN     NaN    NaN           NaN   NaN   NaN  6.67         NaN
milk             1.67     NaN    NaN           NaN   NaN  6.67   NaN         NaN
pasta             NaN     NaN    4.0           NaN   NaN   NaN   NaN         NaN
sour cream        NaN     NaN    NaN           NaN  2.67   NaN   NaN         NaN
```

pivot 数据框包含构建热图所需的所有元素：索引（先导）的值将成为 y 轴标签，列名称（后继）将成为 x 轴标签，数字和 NaN 的网格将成为绘图的值。在本例中，NaN 表示对应的先导和后继没有关联规则。下面将这些元素提取到单独的变量中。

```
antecedents = list(pivot.index.values)
consequents = list(pivot.columns)
import numpy as np
pivot = pivot.to_numpy()
```


现在，antecedents 列表包含 y 轴标签，consequents 列表包含 x 轴标签，NumPy 数组 pivot 包含绘图的值。下面的代码基于这些变量使用 Matplotlib 库绘制热图。

```
  import matplotlib
  import matplotlib.pyplot as plt
  import numpy as np
  fig, ax = plt.subplots()
❶ im = ax.imshow(pivot, cmap = 'Reds')
  ax.set_xticks(np.arange(len(consequents)))
  ax.set_yticks(np.arange(len(antecedents)))
  ax.set_xticklabels(consequents)
  ax.set_yticklabels(antecedents)
❷ plt.setp(ax.get_xticklabels(), rotation=45, ha="right", rotation_mode="anchor")
❸ for i in range(len(antecedents)):
    for j in range(len(consequents)):
   ❹ if not np.isnan(pivot[i, j]):
     ❺ text = ax.text(j, i, pivot[i, j], ha="center", va="center")
  ax.set_title("Lift metric for frequent itemsets")
  fig.tight_layout()
  plt.show()
```

在第 8 章中，我们学习了使用 Matplotlib 绘图的要点。在这里，我们只考虑特定于本例的几行代码。imshow()方法将数据从 pivot 数组变换为用颜色编码的 2D 图片❶。imshow()方法的参数 cmap 可以设置如何将数值从数组映射到颜色。Matplotlib 库有许多内置的颜色映射可供选择，包括此处使用的 Reds。

创建轴标签后，使用 setp()方法将 x 轴标签向右旋转 45°❷，使 x 轴标签不会重叠。然后，循环 pivot 数组的数据❸，并使用 text()方法为热图的每个正方形添加文本注释❺。参数 j 和 i 分别是 x 轴与 y 轴的标签，参数 pivot[i，j]是标签的文本，其余参数设置标签的对齐方式。调用 text()方法之前，使用 if 语句过滤没有提升度数值的先导/后继对❹。否则，NaN 标签将出现在热图的每个空白方块中。

图 11-1 展示了绘制的热图。

在热图中，根据颜色的深浅，立即查看哪些关联规则具有最高的提升度。由图 11-1 可知，购买牛奶的客户也会购买鸡蛋。同样，购买意大利面的客户也会买奶酪。从图 11-1 中也可以看到其他的关联规则，如黄油和奶酪，但它们的提升度不太高。

从热图 11-1 也可以看到提升度是对称的。例如，bread->butter 规则和 butter->bread 规则的提升度的值是一样的。然而，注意，图 11-1 中的一些先导/后继对没有对称的提升值。例如，cheese->bread 规则的提升度为 1.5，但图 11-1 中没有 bread->cheese 的提升度。这是因为使用 mlxtend 库的 association_rules()函数在生成关联规则时，设置了 50%的置信度阈值。这排除了许多潜在的关联规则，包括 bread->cheese，其置信度为 37.5%，而 cheese->bread 的置信度为 60%。因此，bread->cheese 规则的数据不能用于绘图。

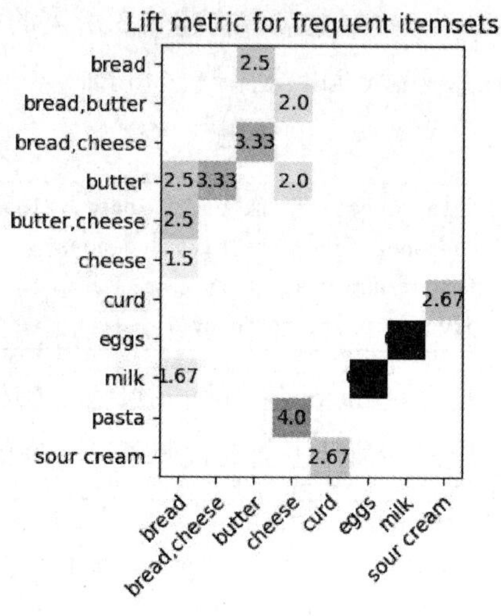

图 11-1　关联规则的提升度热图

11.4　从关联规则获得可操作信息

使用 Apriori 算法，可以找出交易数据的常购商品集，并基于这些商品集生成关联规则。这些规则从本质上告诉我们，如果客户购买了一种商品，那么他们购买另一种商品的可能性有多大。通过在热图上可视化关联规则的提升度，我们可以看到哪些规则特别有说服力。下一个需要考虑的问题是，企业如何真正从这些信息中受益。

本节将探讨企业从关联规则中获得有用信息的两种不同方式。我们将研究如何根据客户已购买商品推荐其他商品，以及如何根据常购商品集有效地进行打折。这两种方式都有可能增加业务收入，同时为客户提供更好的体验。

11.4.1　生成推荐信息

当一件商品出现在客户的购物篮中时，客户接下来可能添加哪件商品呢？当然，我们不能确定，但可以根据从交易数据中挖掘的关联规则进行预测。预测结果有助于推荐经常与当前购物篮中的商品一起购买的一组商品。零售商通常使用此类建议向客户展示他们可能想要购买的其他商品。

生成此类推荐的较自然的方法可能是查看所有以当前购物篮中的商品为先导的关联规则。然后，识别最强的规则（可能是置信度最高的 3 条规则）并提取其后继。下面的示例说明了如何对 butter 执行此操作。首先，使用 pandas 库的过滤功能找到以 butter 为先导的规则。

```
butter_antecedent = rules[rules['antecedents'] == {'butter'}][['consequents','confidence']]
          .sort_values('confidence', ascending = False)
```

这里按 confidence 列对规则进行排序，以便置信度最高的规则出现在 butter_antecedent 数据框的开头。接下来，使用列表推导式提取前 3 个结果。

```
butter_consequents = [list(item) for item in butter_antecedent.iloc[0:3:,]['consequents']]
```


在列表推导式中，在 butter_antecedent 数据框中循环 consequents 列，提取前 3 个值。根据 butter_consequents 列表，生成推荐信息。

```
item = 'butter'
print('Items frequently bought together with', item, 'are:', butter_consequents)
```

推荐信息如下。

```
Items frequently bought together with butter are: [['bread'], ['cheese'], ['cheese', 'bread']]
```

这表明购买黄油的客户也经常购买面包或奶酪，或两者兼有。

11.4.2 基于关联规则的折扣规划

为常购商品集生成的关联规则也可用于选择折扣商品。理想情况下，在每个重要的商品组中应该都有一件折扣商品，以吸引尽可能多的客户。换句话说，在每个常购商品集中应该选择要打折扣的单件商品。

要实现这一点，首先需要有一组常购商品集。遗憾的是，association_rules()函数生成的 rules 数据框包含 antecedents 列和 antecedents 列，但不包含规则的完整商品集。因此，需要通过合并 antecedents 列和 consequents 列来创建 itemsets 列，如下所示。

```
from functools import reduce
rules['itemsets'] = rules[['antecedents', 'consequents']].apply(lambda x:
             reduce(frozenset.union, x), axis=1)
```

在 rules 数据框的 apply()方法中使用 functools 模块的 reduce()函数通过 frozenset.union()方法合并 antecedents 列和 consequents 列。

输出新创建的 itemsets 列以及 antecedents 列和 consequents 列。

```
print(rules[['antecedents','consequents','itemsets']])
```

输出结果如下。

```
        antecedents      consequents              itemsets
0          (butter)          (bread)       (butter, bread)
```

```
1           (bread)       (butter)          (butter, bread)
2          (cheese)        (bread)          (bread, cheese)
3            (milk)        (bread)            (milk, bread)
4          (butter)       (cheese)         (butter, cheese)
5           (pasta)       (cheese)          (pasta, cheese)
6      (sour cream)         (curd)       (sour cream, curd)
7            (curd)   (sour cream)       (sour cream, curd)
8            (milk)         (eggs)             (milk, eggs)
9            (eggs)         (milk)             (milk, eggs)
10 (butter, cheese)        (bread)  (bread, butter, cheese)
11  (butter, bread)       (cheese)  (butter, cheese, bread)
12  (bread, cheese)       (butter)  (bread, butter, cheese)
13         (butter)  (bread, cheese)  (butter, cheese, bread)
```

可以看到，itemsets 列中有一些重复项。如前所述，同一个商品集可能会形成多条关联规则，因为商品的顺序会影响一些规则度量。但是，商品集中商品的顺序对于当前任务并不重要，因此删除重复的商品集，如下所示。

```
rules.drop_duplicates(subset=['itemsets'], keep='first', inplace=True)
```

这里使用 rules 数据框的 drop_duplicates()方法在 itemsets 列中查找重复项。保留重复项的第一行，通过将 inplace 设置为 True，从现有数据框中删除重复行，而不创建删除了重复项的新数据框。

用以下代码输出 itemsets 列。

```
print(rules['itemsets'])
```

将看到以下内容。

```
0           (bread, butter)
2           (bread, cheese)
3             (bread, milk)
4          (butter, cheese)
5           (cheese, pasta)
6        (curd, sour cream)
8              (milk, eggs)
10  (bread, cheese, butter)
```

接下来，从每个要打折扣的商品集中选择一件商品。

```
  discounted = []
  others = []
❶ for itemset in rules['itemsets']:
  ❷ for i, item in enumerate(itemset):
    ❸ if item not in others:
      ❹ discounted.append(item)
```

```
            itemset = set(itemset)
            itemset.discard(item)
          ❺ others.extend(itemset)
            break
        ❻ if i == len(itemset)-1:
            discounted.append(item)
            itemset = set(itemset)
            itemset.discard(item)
            others.extend(itemset)
    print(discounted)
```

首先，创建 discounted 列表用于保存折扣商品，others 列表用于保存商品集中的非折扣商品。然后，迭代每个商品集❶及其每件商品❷。查找尚未包含在 others 列表的商品，因为此类商品要么不在前面的任何商品集中，要么已经被选为折扣商品，这意味着可以选择它作为折扣商品❸。将所选商品发送到 discounted 列表中❹，然后将商品集的其余商品发送到 others 列表中❺。如果迭代了商品集中的所有商品，但未能找到没有包含在 others 列表中的商品，那么选择商品集的最后一件商品，并将其发送到 discounted 列表中❻。

由于商品集是不可变集合，而 Python 的不可变集合是无序的，因此得到的 discounted 列表会有所不同，但它看起来如下。

```
['bread', 'bread', 'bread', 'cheese', 'pasta', 'curd', 'eggs', 'bread']
```

将结果与前面显示的 itemsets 列进行比较，可以看到每个商品集中都有一件折扣商品。另外，由于有效地分配了折扣，因此折扣商品的实际数量明显少于商品集的数量。从 discounted 列表中删除重复项。

```
print(list(set(discounted)))
```

正如输出所示，即使有 8 个商品集，也只需要 5 件折扣商品。

```
['cheese', 'eggs', 'bread', 'pasta', 'curd']
```

因此，每个商品集中有一件折扣商品（对于许多客户来说，这是一个显著的好处），而实际上不必有许多折扣商品（对于公司来说，这是一个显著的好处）。

11.5 总结

从本章可以看到，购物篮分析是从大量交易数据中提取有用信息的一种重要方法。在本章中，我们学习了如何使用 Apriori 算法挖掘交易数据的关联规则，并了解如何根据不同的指标评估这些规则。通过这种方式，我们可以了解哪些商品通常一起购买。我们可以利用这些知识向客户推荐产品，并有效地规划折扣。

第 12 章

数据分析的机器学习

12

机器学习是一种数据分析方法。基于机器学习的应用程序利用已有数据发现模式并做出决策，而不需要明确的编程指令来完成。换句话说，应用程序可以自行学习，不需要人工干预。作为一种稳健的数据分析技术，机器学习已应用于许多领域，如分类、聚类、预测分析、关联学习、异常检测、图像分析和自然语言处理。

本章概述了机器学习的一些基本概念，然后深入探讨了两个机器学习示例。首先，我们将进行情感分析，开发一个模型预测与产品评论相关的评分（1～5）。之后，我们将开发另一个模型以预测股票价格的变化。

12.1 为什么选择机器学习

机器学习使计算机可以实现传统编程技术难以完成或者不可能完成的任务。例如，假设用户需要构建一个图像处理应用程序，该应用程序可以根据提交的照片区分不同类型的动物。在这个假设场景中，用户已经有了一个代码库，它可以识别图像中对象（如动物）的边缘。通过这种方式，用户可以将照片中的动物转换为一组线条特征。但是，如何通过线条特征编程区分两种不同的动物（如猫和狗）呢？

传统的编程方法是手动确定规则，将每个线条特征组合映射到一种动物。遗憾的是，这种解决方案需要大量代码，而且当提交的新照片的边缘不符合手动定义的规则时，这种方案可能会完全失败。相反，基于机器学习算法构建的应用程序不依赖预定义的逻辑，而取决于应用程序从以前看到的数据中自动学习的能力。因此，基于机器学习的照片分类应用程序将自动从已有照片中找到线条特征的模式，然后基于概率统计对新照片中的动物进行预测。

12.2 机器学习的类型

机器学习常见的两种类型是有监督学习和无监督学习。在本章中，我们主要关注有监督学习。本节概述这两种类型的机器学习。

12.2.1 有监督学习

有监督学习使用带标签的数据集（称为训练数据集）训练模型，在给定新的数据时产生想要的输出。从技术上来讲，有监督学习根据训练数据集得到输入映射到输出的函数的技术。第 3 章展示了有监督学习的示例，在第 3 章中，我们使用一组产品评论训练一个模型，预测新产品评论是积极的还是消极的。

有监督学习算法的输入数据可以表示对象或事件的特征。例如，使用待售房屋的特征（如面积、卧室和浴室的数量等）作为用于预测房屋价值的算法的输入。房屋价值将是算法的输出。使用一组输入-输出对训练算法，这些输入-输出对由各种房屋的特征及对应的房屋价值组成。之后，向其提供新房屋的特征，得到新房屋的估计价值。

其他有监督学习算法可以不用特征，而用观察到的数据——通过观察活动或行为收集的数据。例如，由传感器产生的监测机场噪声的时间序列。观测到的噪声级别数据可能与时间和周几等信息一起传入机器学习算法，以便算法可以学习预测未来几小时的噪声级别。在本例中，时间和周几是输入，噪声级别是输出。换句话说，该算法用于预测未来的观测数据。

机器学习的输入和输出

在编程领域，输入通常指函数、脚本或应用程序接收的数据。输入用于生成输出，即函数、脚本或应用程序返回的数据。然而，在有监督机器学习中，输入和输出的含义略有不同。当训练机器学习模型时，它接收成对的输入和输出数据，如产品评论（输入）及其相关的情绪——积极或消极（输出）。经过训练后，当提供新的输入值时，模型会根据从输入-输出对中学习到的模型生成适当的输出值。

机器学习模型的输入可以由一个或多个变量组成，这些变量称为自变量或特征。同时，输出通常是单个变量，称为目标或因变量。之所以称其为因变量，是因为输出取决于输入。

房屋价值预测和噪声级别预测都是回归的示例。回归是一种用于预测连续值的常见有监督学习技术。另一种常见的有监督学习技术是分类，分类的输出是有限数量的类标签。区分积极和消极的产品评论是一个分类的示例。其他情感分析应用程序也属于分类技术，情感分析根据文本片段判读其蕴含的情绪为积极情绪还是消极情绪。

12.2.2　无监督学习

无监督学习是一种没有训练阶段的机器学习技术。给应用程序提供输入数据，没有相应的输出值可供学习。从这个意义上来说，无监督机器学习模型必须独立工作，发现输入数据中隐藏的模式。

无监督学习的一个很好的示例是关联分析，其中机器学习应用程序识别集合中相互关联的项。在第 11 章中，我们基于一组交易数据进行关联分析，找出经常一起购买的商品。我们使用了 Apriori 算法，它不需要输出数据来学习；相反，它以所有交易数据作为输入，在交易数据中搜索常购商品集。因此，可以看出关联分析是无须训练的学习。

12.3　机器学习的工作原理

典型的机器学习主要由如下 3 个部分组成。

- 训练数据（要学习的数据）。
- 应用于数据的统计模型。
- 预测数据（新的数据）。

本节将讨论这 3 个部分。

12.3.1　训练数据

机器学习基于计算机系统可以学习的思想，因此任何机器学习算法都需要从数据中学习。根据机器学习模型是有监督的还是无监督的，数据的本质会不同。在有监督机器学习的情况下，要学习的数据采用输入-输出对的形式，使用输入-输出对训练模型，以便稍后根据新输入预测输出。在无监督学习中，模型只接收输入数据，并挖掘模式以产生输出。

虽然所有机器学习算法都需要从数据中学习，但是不同算法要求的数据格式可能是不同的。许多算法要求数据集为表格形式，其中行表示实例，如单个对象或特定时间点，列表示实例的属性。一个典型的示例是鸢尾花数据集，其中有 150 行，每行包含不同种的鸢尾花的观测值。以下是数据集的前 4 行。

```
sepal length  sepal width  petal length  petal width   species
5.1              3.5       1.4           0.2           Iris-setosa
4.9              3.0       1.4           0.2           Iris-setosa
4.7              3.2       1.3           0.2           Iris-setosa
4.6              3.1       1.5           0.2           Iris-setosa
```

前 4 列表示样本的不同属性或特征。第 5 列表示每个实例的标签——鸢尾花的种名称。如果使用该数据集训练分类模型，则使用前 4 列中的值作为自变量或输入，而第 5 列将是因变量或输出。从这些数据中学习后，理想情况下，该模型将能够对新的鸢尾花标本进行分类。

有些机器学习算法从非表格数据中学习。例如，前面用于关联分析的 Apriori 算法以一组大小不同的交易作为输入数据。下面是一个关于交易数据的简单示例。

```
(butter, cheese)
(cheese, pasta, bread, milk)
(milk, cheese, eggs, bread, butter)
(bread, cheese, butter)
```

从前面的示例可以看到，一些机器学习算法处理数字或文本数据。还有一些算法可以处理照片、视频或音频数据。

12.3.2 统计模型

无论机器学习算法需要何种数据格式，输入数据都必须转换为要求的格式，然后对数据进行分析，产生输出。这就是统计模型发挥作用的地方：用统计量表示数据，进而算法可以识别变量之间的关系，挖掘信息，对新数据进行预测，生成建议等。统计模型是任何机器学习算法的核心。

例如，Apriori 算法使用支持度作为统计模型来查找常购商品集。具体来说，Apriori 算法识别每个可能的商品集并计算对应的支持度指标，然后选择支持度足够高的商品集。下面的示例演示了该算法的工作方式。

```
Itemset        Support
-------------- -------
butter, cheese 0.75
bread, cheese  0.75
milk, bread    0.50
bread, butter  0.50
```

本例仅显示包含两件商品的商品集。事实上，计算所有可能的含两件商品的商品集的支持度之后，Apriori 算法会继续分析含 3 件商品的商品集、含 4 件商品的商品集等。然后，该算法使用所有商品集的支持度来生成常购商品集列表。

12.3.3 预测数据

在有监督机器学习中，一旦使用训练数据训练了模型，就可以将模型应用于新的数据。然而，在使用模型预测数据之前，可能需要先评估模型，这就是通常将原始数据集分割为训练数据集和测试数据集的原因。前者包含模型从中学习的数据，而后者用于评估模型，包含训练模型时未看到的数据。

测试数据仍然具有输入和输出，但只把输入传入模型。然后，模型对实际输出与模型输出进行比较，以评估其预测的准确率。一旦确保模型的准确率可以接受，模型就可以使用新的输入数据进行预测分析。

在无监督学习中，要学习的数据和新的数据之间没有区别。所有数据基本上是以前没看过的，模型试图通过分析其潜在特征从中学习。

12.4　情感分析示例：产品评论分类

我们已经复习了机器学习的基础知识，现在可以尝试进行情感分析了。情感分析是一种自然语言处理技术，允许我们通过编程确定一段文字描述是积极的还是消极的（在某些应用中，可能还会出现更多类别，如中性、非常积极或非常消极）。本质上，情感分析是一种分类形式，是一种有监督机器学习技术（将数据划分为离散的类别）。

在第 3 章中，使用 scikit-learn 对来自 Amazon 的一组产品评论进行了基本情感分析，训练了一个模型来确定评论是正面的还是负面的。在本节中，将直接从 Amazon 获得一组实际的产品评论，并使用它来训练分类模型。该模型的目标是在 1～5 的尺度上预测评论的评分。因此，该模型将评论分为 5 个可能的类别，而不仅仅是两个类别。

12.4.1　获取产品评论

建立模型的第一步是从 Amazon 获取一组实际的产品评论。一种简单方法是使用 Amazon Reviews Exporter，这是一个 Google Chrome 浏览器扩展程序，可以将 Amazon 产品的评论作为 CSV 文件下载。通过访问谷歌插件市场在 Chrome 浏览器中安装这个扩展程序。

安装这个扩展程序后，在 Chrome 浏览器中打开 Amazon 产品页面。在本示例中，我们使用 Eric Matthes 著的 *Python Crash Course* 的 Amazon 网页，在下载时，*Python Crash Course* 有 445 条评论。在 Chrome 浏览器的工具栏中找到并单击 Amazon Reviews Exporter 按钮，下载评论。

下载完成后，将其读入 pandas 数据框，如下所示。

```
import pandas as pd
df = pd.read_csv('reviews.csv')
```

在继续之前，查看 df 数据框中加载的总评论数和前几条评论。

```
print('The number of reviews: ', len(df))
```

```
print(df[['title', 'rating']].head(10))
```

输出如下所示。

```
The number of reviews: 445
                                               title rating
0 Great inner content! Not that great outer qual...       4
1                                 Very enjoyable read      5
2                                 The updated preface      5
3 Good for beginner but does not go too far or deep       4
4                                  Worth Every Penny!      5
5                                  Easy to understand      5
6                               Great book for python.     5
7                     Not bad, but some disappointment     4
8 Truely for the person that doesn't know how to...       3
9        Easy to Follow, Good Intro for Self Learner       5
```

上面仅显示每条评论的两个字段——title 和 rating。我们将把评论的 title 视为模型的自变量（输入），把 rating 视为因变量（输出）。请注意，我们忽略了评论的全文，只关注标题。对于训练情感分类模型，这是合理的，因为标题通常代表买家对产品的总体感觉。相比之下，完整的评论文本通常包括其他非情感信息，如对图书内容的描述。

12.4.2 清理数据

处理真实数据之前，通常需要清理数据。在本例中，要过滤那些不是用英语写的评论。为此，使用一种方法确定每条评论的语言。有几个 Python 库具有语言检测功能，这里将使用 google_trans_new 库。

1. 安装 google_trans_new 库

使用 pip 命令安装 google_trans_new 库，如下所示。

```
$ pip install google_trans_new
```

使用 google_trans_new 库前，先确保 google_trans_new 已经修复了在检测语言时引发的 JSONDecodeError 异常。在 Python 会话中运行以下代码以进行测试。

```
$ from google_trans_new import google_translator
$ detector = google_translator()
$ detector.detect('Good')
```

如果测试运行时没有出现错误，则可以继续。如果它引发 JSONDecodeError 异常，则需要在 google_trans_new 库中源文件 google_trans_new.py 进行一些小的更改。使用 pip 命令查看文件位置。

```
$ pip show google_trans_new
```

该命令将显示有关库的一些基本信息，包括其源文件在本地计算机上的位置。找到并在文本编辑器中打开文件 google_trans_new.py。然后，找到第 151 行和第 233 行，如下所示。

```
response = (decoded_line + ')')
```

将其更改为以下形式。

```
response = decoded_line
```

保存更改，重新启动 Python 会话，然后重新运行测试。现在，Python 应该能够正确地将 good 识别为英语单词了。

```
$ from google_trans_new import google_translator
$ detector = google_translator()
$ detector.detect('Good')
['en', 'english']
```

注意　有关 google_trans_new 库的更多信息，可访问 PyPI 网站。

2. 删除非英语评论

现在，检测每条评论的语言，并过滤掉非英语的评论。在下面的代码中，使用来自 google_trans_new 库的 google_translator 模块判断每条评论标题的语言，并将语言存储在 df 数据框的新列中。检测大量样本的语言可能需要一段时间，因此在运行代码时请耐心等待。

```
from google_trans_new import google_translator
detector = google_translator()
df['lang'] = df['title'].apply(lambda x: detector.detect(x)[0])
```

首先，创建一个 google_translator 对象。然后，使用 lambda 表达式将该对象的 detect()方法应用于每条评论的标题，将结果保存在名为 lang 的新列中。在这里，输出 title 列、rating 列和 lang 列。

```
print(df[['title', 'rating', 'lang']])
```

输出内容如下。

```
                                          title rating   lang
0   Great inner content! Not that great outer qual...      4     en
1                             Very enjoyable read      5     en
2                             The updated preface      5     en
3   Good for beginner but does not go too far or deep      4     en
4                              Worth Every Penny!      5     en
```

```
--snip--
440                          Not bad    1     en
441                             Good    5     en
442                            Super    5     en
443          内容はとても良い、作りは×    4     ja
444                         非常实用     5  zh-CN
```

下一步是过滤数据集，只保留那些用英语写的评论。

```
df = df[df['lang'] == 'en']
```

该操作会减少数据集的总行数。要验证其是否有效，计算更新后数据框的行数。

```
print(len(df))
```

因为所有非英语的评论都被删除了，所以行数比原来少了。

12.4.3 拆分和转换数据

现在，不仅需要将评论数据分为用于训练模型的训练数据集和用于评估模型准确率的测试数据集，还需要将评论标题的自然语言转换为模型可以理解的数字。用词袋模型（Bag of Words, BoW）来实现该目标。

下面的代码使用 scikit-learn 库来拆分和转换数据。代码类似于第 3 章的代码。

```
  from sklearn.model_selection import train_test_split
  from sklearn.feature_extraction.text import CountVectorizer
  reviews = df['title'].values
  ratings = df['rating'].values
❶ reviews_train, reviews_test, y_train, y_test = train_test_split(reviews,
                 ratings, test_size=0.2, random_state=1000)
  vectorizer = CountVectorizer()
  vectorizer.fit(reviews_train)
❷ x_train = vectorizer.transform(reviews_train)
  x_test = vectorizer.transform(reviews_test)
```

总体来说，scikit-learn 库中的 train_test_split()函数将数据随机拆分为训练数据集和测试数据集❶，scikit-learn 库中的 CountVectorizer 类将文本数据转换为数字特征向量❷。该代码生成以下数据结构，将训练数据集和测试数据集都转换为 NumPy 数组，并将其相应的特征向量都转换为 SciPy 稀疏矩阵。

- reviews_train：一个用于训练的评论标题的数组。
- reviews_test：一个用于测试的评论标题的数组。
- y_train：一个与 reviews_train 对应的评分数组。

- y_test：一个与 reviews_test 对应的评分数组。
- x_train：一个矩阵，其每一行为 reviews_train 对应的评论标题的数字特征向量。
- x_test：一个矩阵，其每一行为 reviews_test 对应的评论标题的数字特征向量。

我们对 x_train 和 x_test 较感兴趣，这两个矩阵包含 scikit-learn 库使用 BoW 技术将评论标题转换成的数字特征向量。这两个矩阵中的每一个都表示一个评论标题对应的数字特征向量。使用以下代码计算从 reviews_train 数组生成的矩阵的行数。

```
print(len(x_train.toarray()))
```

由于按 8:2 的比例将数据拆分为训练数据集和测试数据集，因此以上代码的输出结果应为英文评论总数的 80%。x_test 矩阵包含其余的 20%的特征向量，使用以下方法查看。

```
print(len(x_test.toarray()))
```

可能还需要检查训练矩阵中特征向量的长度。

```
print(len(x_train.toarray()[0]))
```

这里只输出矩阵第一行的长度，但每行的长度相同。结果可能如下所示。

```
442
```

这意味着训练数据集的评论标题中出现了 442 个单词。这组单词称为数据集的词汇字典。如果感兴趣，使用如下代码输出整个矩阵。

```
print(x_train.toarray())
```

结果如下所示。

```
[[0 0 0 ... 1 0 0]
 [0 0 0 ... 0 0 0]
 [0 0 0 ... 0 0 0]
 --snip--
 [0 0 0 ... 0 0 0]
 [0 0 0 ... 0 0 0]
 [0 0 0 ... 0 0 0]]
```

矩阵的每一列对应数据集的词汇字典中的一个单词，数字表示每个单词在给定的评论中出现的次数。矩阵主要由 0 组成。这是符合预期的：数据集中大部分评论标题仅由 5～10 个单词组成，但整个数据集的词汇字典由 442 个单词组成，这意味着在一行中，442 个元素中只有 5～10 个元素设置为 1 或更大的数字。然而，数据的这种表示方式正是训练用于情感分析的分类模型所需要的。

12.4.4 训练模型

现在已经准备好训练模型了。我们需要训练分类器。训练分类器是一种对数据分类的机器学习模型，它可以预测评论的评分。这里使用 scikit-learn 库的 LogisticRegression 分类器。

```
from sklearn.linear_model import LogisticRegression
classifier = LogisticRegression()
classifier.fit(x_train, y_train)
```

导入 LogisticRegression 类并创建分类器对象。然后，通过传入 x_train 矩阵（训练数据集中评论标题的特征向量）和 y_train 数组（相应的评分）训练分类器。

12.4.5 评估模型

既然模型已经训练好，就可以使用矩阵 x_test 评估其准确率，将模型的预测评分与数组 y_test 中的实际评分进行比较。在第 3 章中，使用分类器对象的 score()方法来评估其准确率。这里将使用一种不同的评估方法。

```
  import numpy as np
❶ predicted = classifier.predict(x_test)
  accuracy = ❷ np.mean(❸ predicted == y_test)
  print("Accuracy:", round(accuracy,2))
```

首先，根据 x_test 特征向量使用分类器的 predict()方法预测评分❶。然后，判断模型的预测评分与实际评分是否相等❸。比较的结果是一个布尔数组，其中 True 与 False 分别表示实际评分与预测评分相等和不相等。通过计算布尔数组的算术平均值❷，得到模型的整体预测准确率（为了计算平均值，每个 True 被视为 1，每个 False 被视为 0）。结果如下。

```
Accuracy: 0.68
```

这表明该模型的准确率为 68%，这意味着大约 70%的预测是正确的。然而，为了更精细地理解模型的准确率，需要使用其他 scikit-learn 功能计算更具体的指标。例如，研究模型的混淆矩阵，这是一个对预测分类与实际分类进行比较的矩阵。混淆矩阵可以揭示模型在每个类中单独的准确率，以及显示模型是否可能混淆两个类（将一个类错误预测为另一个类）。按如下方式为分类模型创建混淆矩阵。

```
from sklearn import metrics
print(metrics.confusion_matrix(y_test, predicted, labels = [1,2,3,4,5]))
```

首先，导入 scikit-learn 库的模块 metrics。然后，使用 confusion_matrix()方法，传入测试

数据集实际评分（y_test）、模型预测评分（predicted）以及与评分对应的标签，生成混淆矩阵。矩阵如下所示。

```
[[ 0, 0, 0, 1, 7],
 [ 0, 0, 1, 0, 1],
 [ 0, 0, 0, 4, 3],
 [ 0, 0, 0, 1, 6],
 [ 0, 0, 0, 3, 54]]
```

这里，行对应实际评分，列对应预测评分。例如，第一行的数字表示测试数据集包含 8 条实际评分为 1 的评论，其中 1 条被预测为 4 分，7 条被预测为 5 分。

混淆矩阵的主对角线（从左上到右下）显示了每个评分级别的正确预测数。从对角线上可以看到，该模型对评分为 5 的评论做出了 54 次正确预测，而对评分为 4 的评论只做出了 1 次正确预测。评论为 1、2、3 的预测都是错误的。总体来说，在一个由 81 条评论组成的测试数据集中，对 55 条的预测是正确的。

该结果说明了一些问题。首先，为什么该模型只对评分为 5 的评论表现很好？可能的原因是数据集样本只有足够数量的评分为 5 的评论。要检查是否存在这种情况，统计每个评分组的行数。

```
print(df.groupby('rating').size())
```

按 rating 列对包含训练数据和测试数据的原始数据框进行分组，并使用 size()方法获取每组的元素个数。输出如下所示。

```
rating
1     25
2     15
3     23
4     51
5    290
```

这一统计结果证实了我们的假设：评分为 5 的评论比任何其他评论都要多。这表明该模型没有足够的数据来有效地了解评分为 4 或更低的评论的特征。

为了进一步探索模型的准确率，可能还需要查看其他主要分类指标，比较 y_test 和 predicted 数组。借助 scikit-learn 库的 metrics 模块的 classification_report()函数来实现这个目标。

```
print(metrics.classification_report(y_test, predicted, labels = [1,2,3,4,5]))
```

生成的报告如下所示。

```
             precision    recall  f1-score   support
           1      0.00      0.00      0.00         8
```

```
           2       0.00      0.00      0.00         2
           3       0.00      0.00      0.00         7
           4       0.11      0.14      0.12         7
           5       0.76      0.95      0.84        57

    accuracy                           0.68        81
   macro avg       0.17      0.22      0.19        81
weighted avg       0.54      0.68      0.60        81
```


本报告显示了每类评论的主要分类指标的值。在这里，我们将重点关注 support 和 recall。有关报告中其他指标的更多信息，请参阅 scikit-learn 网站。

support 表示每一类评分的评论数。在本例中，可以看到评论在不同评分组的分布极不均匀，测试数据集表现出与整个数据集相同的趋势。在 81 条评论中，57 条评论的评分为 5，只有两条评论的评分为 2。

recall（召回率）表示某一类评论中正确预测的评论占该类中所有评论的比例。例如，评分为 5 的评论的 recall 为 0.95，这意味着该模型在预测评分为 5 的评论时的准确率为 95%，而评分为 4 的评论的 recall 仅为 0.14。由于对其他评分的评论没有任何正确的预测，因此整个测试数据集的加权平均召回率在报告底部显示为 0.68。这与本节开始时得到的预测准确率相同。

综上所述，可以合理地得出结论，问题是使用的数据集中每个评分组的评论数差别太大。

练习 12-1：扩展数据集

如果数据集中每个类的实例数量差得太多，则分类模型的整体准确率可能会存在误差。尝试通过下载 Amazon 的更多评论来扩展数据集，使每个评分的实例数大致相等且足够多（如每组 500 个）。然后，重新训练模型并再次测试，看看预测准确率是否提高。

12.5 预测股票走势

为了进一步探索机器学习如何应用于数据分析，接下来我们将建立一个预测股市趋势的模型。为了简单起见，我们将创建一个分类模型：一个预测股票第二天的价格是更高、更低还是与当前日相同的模型。一个更复杂的模型可能会使用回归模型预测股票每天的实际价格。

警告 此处讨论的模型仅用于学习目的，不用于实际项目。在现实中，用于股票交易的机器学习模型通常要复杂得多。任何使用本书中模型进行实际股票交易的尝试都可能导致损失，作者和出版商均不承担责任。

与前面的情感分析示例相比，股票预测模型（实际上，许多涉及非文本数据的模型）有一个新问题：如何决定使用哪些数据作为模型的特征或输入？对于情感分析模型，我们使用通过 BoW 技术从评论标题的文本生成的特征向量。特征向量的内容完全取决于相应文本的内容。从这个意义上来说，向量的内容是预定义的，由根据一定规则从相应文本中提取的特征构成。

相比之下，当模型涉及非文本数据（如股票价格）时，通常由用户决定，或者计算用作模型输入数据的特征集合。前一天以来价格的百分比变化、过去一周的平均价格，以及前两天的总交易量也许可以。前两天以来价格的百分比变化、过去一个月的平均价格，以及前一天以来的成交量变化也许也可以。财务分析师以不同的组合使用各种指标（如这些指标）作为其股票预测模型的输入数据。

在第 10 章中，我们学习了如何通过计算随时间变化的百分比、滚动窗口平均值等，分析股市数据。我们将在本节重新讨论其中的一些技术，以生成预测模型的特征。但是，首先，我们需要获得一些数据。

12.5.1　获取数据

为了训练模型，我们需要一年中单只股票的数据。在本例中，我们将使用苹果公司（AAPL）的数据。在这里，使用 yfinance 库获取苹果公司 2021 年的股票数据。

```
import yfinance as yf
tkr = yf.Ticker('AAPL')
hist = tkr.history(period="1y")
```

将使用生成的 hist 数据框得到有关股票的指标，如价格的日常百分比变化，并将这些指标输入模型。假设还有一些外部因素（即无法从股票数据本身获得的信息）会影响苹果公司的股价。例如，股票市场的整体表现可能会影响单只股票的表现。因此，作为模型的一部分，考虑更广泛的股票市场指数的数据也很有趣。

标准普尔 500 指数是著名的股市指数之一，用于衡量 500 家大公司的股票表现。在 Python 中通过 pandas-datareader 库获得标准普尔 500 指数。在这里，使用 pandas-datareader 库的 get_data_stooq()方法从 Stooq 网站获得一年的标准普尔 500 指数。

```
  import pandas_datareader.data as pdr
  from datetime import date, timedelta
  end = date.today()
❶ start = end - timedelta(days=365)
❷ index_data = pdr.get_data_stooq('^SPX', start, end)
```

首先，使用 Python 的 datetime 模块定义查询相对于当前日期的开始日期和结束日期❶。然后，调用 get_data_stooq()方法，使用“^SPX”请求标准普尔 500 指数，并将结果存储在 index_data 数据框中❷。

现在，有了同一年内苹果公司股票数据和标准普尔 500 指数，将两种数据合并到一个数据框中。

```
df = hist.join(index_data, rsuffix = '_idx')
```

可以看到，两个数据框具有相同的列名。为了避免重复，使用 rsuffix 参数，指示 join()方法将后缀“_idx”添加到 index_data 数据框的所有列名上。

在这里，我们只对苹果公司和标准普尔 500 指数的每日收盘价与交易量感兴趣，因此将 index_data 数据框过滤至只有 4 列。

```
df = df[['Close','Volume','Close_idx','Volume_idx']]
```

如果现在输出 df 数据框，将看到如下内容。

```
Date              Close     Volume  Close_idx  Volume_idx
2021-01-15   126.361000  111598500    3768.25  2741656357
2021 01 10   127.046791   90757300    3798.91  2485142099
2021-01-20   131.221039  104319500    3851.85  2350471631
2021-01-21   136.031403  120150900    3853.07  2591055660
2021-01-22   138.217926  114459400    3841.47  2290691535
--snip--
2022-01-10   172.190002  106765600    4670.29  2668776356
2022-01-11   175.080002   76138300    4713.07  2238558923
2022-01-12   175.529999   74805200    4726.35  2122392627
2022-01-13   172.190002   84505800    4659.03  2392404427
2022-01-14   173.070007   80355000    4662.85  2520603472
```

df 数据框包含连续的多元时间序列。下一步是从数据中提取特征，这些特征可以用作机器学习模型的输入。

12.5.2 从连续数据中提取特征

这里通过每天价格和成交量变化的信息训练模型。在第 10 章中，通过在时间上移动数据点计算连续时间序列数据的百分比变化，从而使过去的数据点与当前的数据点保持对齐以便进行计算。在以下代码中，使用 shift(1)计算每个数据框的列从一天到下一天的百分比变化，并将结果保存在新列中。

```
import numpy as np
df['priceRise'] = np.log(df['Close'] / df['Close'].shift(1))
df['volumeRise'] = np.log(df['Volume'] / df['Volume'].shift(1))
```

```
df['priceRise_idx'] = np.log(df['Close_idx'] / df['Close_idx'].shift(1))
df['volumeRise_idx'] = np.log(df['Volume_idx'] / df['Volume_idx'].shift(1))
df = df.dropna()
```

对于所有新列，将每个数据点除以前一天的数据点，然后取结果的自然对数。请记住，自然对数提供了百分比变化的近似值。最后得到 4 列新内容。

- priceRise：苹果公司的股票价格每天的增长率。
- volumeRise：苹果公司的股票成交量每天的增长率。
- priceRise_idx：标准普尔 500 指数每天的增长率。
- volumeRise_idx：标准普尔 500 指数成交量每天的增长率。

再次过滤数据框，以仅包括新列。

```
df = df[['priceRise','volumeRise','priceRise_idx','volumeRise_idx']]
```

现在，数据框的内容如下所示。

```
Date        priceRise  volumeRise   priceRise_idx  volumeRise_idx
2021-01-19  0.005413   -0.206719        0.008103       -0.098232
2021-01-20  0.032328    0.139269        0.013839       -0.055714
2021-01-21  0.036003    0.141290        0.000317        0.097449
2021-01-22  0.015946   -0.048528       -0.003015       -0.123212
2021-01-25  0.027308    0.319914        0.003609        0.199500
--snip--
2022-01-10  0.000116    0.209566       -0.001442        0.100199
2022-01-11  0.016644   -0.338084        0.009118       -0.175788
2022-01-12  0.002567   -0.017664        0.002814       -0.053288
2022-01-13 -0.019211    0.121933       -0.014346        0.119755
2022-01-14  0.005098   -0.050366        0.000820        0.052199
```

这些列将成为模型的特征或自变量。

12.5.3　生成输出变量

下一步是为现有数据集生成输出变量（也称为目标或因变量）。这个变量表示第二天股票价格的变化——上涨、下跌还是保持不变。可以通过 df['priceRise'].shift(-1)得到 priceRise 列第二天的增长率。负向移动使未来的值在时间上向后移动。基于 df['priceRise'].shift(-1)的值，如果价格下跌，则新列中对应的值为-1；如果价格保持不变，则新列中对应的值为 0；如果价格上涨，则新列中对应的值为 1。代码如下。

```
❶ conditions = [
      (df['priceRise'].shift(-1) > 0.01),
      (df['priceRise'].shift(-1)< -0.01)
  ]
```

```
❷ choices = [1, -1]
  df['Pred'] = ❸ np.select(conditions, choices, default=0)
```

该算法的假设如下。

- 第二天价格上涨超过 1%视为上涨（1）。
- 第二天价格下跌超过 1%视为下跌（−1）。
- 其余为不变（0）。

为了实现该算法，首先，根据第 1 点和第 2 点创建 conditions 列表❶，以及一个值为 1 和 −1 的 choices 列表，表示价格的上涨或下跌❷。然后，将这两个列表传入 NumPy 函数 select()❸，select()函数根据 conditions 列表的值从 choices 列表中选择值来构建一个数组。如果两个条件都不满足，则默认值为 0，满足第 3 点。然后将数组存储在一个新的数据框 Pred 中，可以将其用作训练和测试模型的输出。本质上，−1、0 和 1 现在是模型在分类时可以选择的类。

12.5.4 训练和评估模型

为了训练模型，scikit-learn 库要求输入数据和输出数据为两个 NumPy 数组。从 df 数据框得到输入数据和输出数据。

```
features = df[['priceRise','volumeRise','priceRise_idx','volumeRise_idx']].to_numpy()
features = np.around(features, decimals=2)
target = df['Pred'].to_numpy()
```

features 数组包含 4 个自变量（输入），target 数组包含一个因变量（输出）。接下来，可以将数据拆分为训练数据集和测试数据集，并训练模型。

```
from sklearn.model_selection import train_test_split
rows_train, rows_test, y_train, y_test = train_test_split(features, target, test_size=0.2)
from sklearn.linear_model import LogisticRegression
clf = LogisticRegression()
clf.fit(rows_train, y_train)
```

在这里，类似于情感分析示例，使用 scikit-learn 库的 train_test_split()函数根据 8:2 的比例分割数据集，并使用 LogisticRegression 分类器训练模型。接下来，将测试数据集传递给分类器的 score()方法，以评估模型的预测准确率。

```
print(clf.score(rows_test, y_test))
```

结果可能如下所示。

```
0.6274509803921569
```

结果表明该模型在 62%的时间里准确预测了苹果公司第二天股票的走势。当然，也可能会得到不同的结果。

练习 12-2：使用不同的股票和新指标进行尝试

继续前面的示例，使用不同的股票进行尝试，并使用新的指标作为自变量，尝试提高模型的预测准确率。你可能希望使用第10章中得到的一些指标。

12.6 总结

在本章中，我们学习了如何使用机器学习来完成一些数据分析任务，如分类。机器学习是一种使计算机系统能够从历史数据或过去的经验中学习的方法。特别地，我们学习了如何使用机器学习算法完成情感分析方面的自然语言处理任务。我们将来自 Amazon 产品评论的文本数据转换为数字特征向量，然后训练一个模型，得到评论的评分预测值。我们还学习了如何基于股票市场数据生成特征，并使用这些特征训练模型来预测股票价格的变化。

将机器学习、统计方法、公共 API 和 Python 中可用的数据结构功能结合在一起有很多可能性。本书展示了其中的一些可能性，涵盖了各种主题，希望能给你灵感，帮你找到许多新的解决方案。